# 絵でわかる
## An Illustrated Guide to Plate Tectonics
# プレートテクトニクス

是永 淳 著
*Korenaga Jun*

地球進化の
謎に挑む

講談社

| ブックデザイン | 安田あたる |
| --- | --- |
| カバー・本文イラスト | カモシタ ハヤト |

はじめに

　地球は、太陽系の中で唯一の、海をたたえ、生命をはぐくむ惑星です。なぜ地球はこのように特別な惑星なのでしょうか？　生命が住める惑星環境がどのようにしてつくられるかを考えると、じつは地球内部で起こっていることが非常に大切な役割を果たしていることがわかります。地球では、ほかの惑星には見られない「プレートテクトニクス」という現象が起こっていて、このために過去数十億年もの間、地球は比較的温暖な気候を維持することができたのです。プレートテクトニクスは惑星の進化を支配し、生命環境に多大なる影響を与えます。

　プレートテクトニクスは地球科学を勉強する人なら誰でも学ぶ基本的なことで、地震や火山、造山活動といった、地球上で起こっている大規模な地質活動の源です。じつのところ、プレートテクトニクスとは地球内部で起こっている対流のことであり、対流を正しく理解するには流体力学の知識が必要になります。このようなプレートテクトニクスの本質を正しく伝えている入門書はほとんどありません。本書では難しい数式の代わりにイラストや図を利用して、この本質をできるだけ平易に説明するよう努めています。

　地球でプレートテクトニクスが起こっているという事実は、1960年代になってはじめて明らかにされ、地球科学に革命をもたらしました。しかし、それから半世紀たった今でも、いまだに解決されていない難問をいくつも抱えている現象でもあります。たとえば「なぜ地球ではプレートテクトニクスが起こるのか」ということですら、まだわかっていません。本書では、

このような未解決の問題についてもできるだけ解説するようにしています。

　本書は地球について、そして宇宙における生命の誕生と進化について興味がある方を対象にしています。特に、地球科学を学ぶ学生には参考になるでしょう。地球科学の専門家でも、読むと新たな発見があるかもしれません。

　最後になりましたが、素敵なイラストを描いていただいたカモシタハヤトさん、そして本書執筆の機会を与えてくださり、多くの御助言をいただきました講談社サイエンティフィクの渡邉拓さんに心から感謝いたします。研究の視野を広げる大切さを教えてくださった恩師の故玉木賢策先生に本書を捧げます。

2014 年 4 月

是永 淳

# 絵でわかるプレートテクニクス　目次

はじめに　iii

## 第1章　地球はどんな構造をしているのか　1

1.1　プレートとは　3
　プレートは生まれては消えていく　3
　プレート運動のスケール　4

1.2　プレートと地殻、マントル、そして核　5
　化学成分に基づく構造区分　5
　力学的性質に基づく構造区分　6
　リソスフェアとアセノスフェア　7

1.3　地球の構造と歴史　8
　現在の地球の内部構造を知る方法　8
　内部構造の変遷　8

《Column》地震波トモグラフィーと数独　12

## 第2章　プレートテクトニクスの発見　13

2.1　失われた大陸？　14
　陸橋説　16
　混沌の理由　18

2.2　ウェゲナーの大陸移動説　19

気象学者アルフレッド・ウェゲナー　19
　　歴史的名著『大陸と海洋の起源』　20
　　大陸は沈まない　22
　　主流にならなかった理由その1──学問分野の壁　25
　　主流にならなかった理由その2──発表のしかたがまずかった　26
　　主流にならなかった理由その3──早すぎた死　27

2.3　プレートテクトニクス理論の登場　29
　　古地磁気学の誕生　29
　　見かけの極移動　32
　　地球磁場の反転　33
　　海洋底拡大説　35
　　海底が消滅する場所　37
　　原動力の説明　38
　　じつはまだわからないことだらけ　39

## 第3章　プレートテクトニクスはどのような現象か　41

3.1　プレートテクトニクスの原動力　42
　　伝熱の基礎──熱伝導・輻射・移流　42
　　対流と境界層　44
　　マントル対流　46

3.2　マントル対流理論の基礎の基礎　48
　　熱伝導のスケール　48
　　プレートの成長速度　51
　　海の深さと海底の年代　52
　　マントル対流の熱流量　55

3.3　現在のプレートテクトニクス　56
　　「プレート」と「リソスフェア」　57

海洋性リソスフェア　57
　　マントルプリューム　62
　　大陸性リソスフェア　64
　　現在のプレートテクトニクスの特徴　65

## 第4章　プレートテクトニクスはいつはじまったのか　67

### 4.1　過去のプレート運動の復元　69
　　地磁気縞模様による復元　69
　　大陸のジグゾーパズル　72
　　4つの超大陸　74

### 4.2　原生代のプレートテクトニクス　75
　　地質年代の意味するところ　75
　　原生代のプレートテクトニクスは今より活発だった？　77
　　地球物理学者の悪戦苦闘　79
　　新しい地球史観の登場　83
　　熱くてゆっくりモデル　85

### 4.3　プレートテクトニクスのはじまりとそれ以前　87
　　冥王代にすでにはじまっていた？　87
　　「プレートテクトニクス」と「硬殻対流」　88

《Column》ケルビン卿と地球の年齢　92

## 第5章　地球以外の惑星にもプレートテクトニクスはあるのか　93

### 5.1　地球以外の地球型惑星たち　94
　　金星——地球の姉妹惑星？　96
　　金星の表面はなぜ若いのか　97

火星——昔は海があった？　99
　　火星の地形と地殻の縞模様　102
　　水星——依然として謎だらけの惑星　104
　　水星の氷と窪地の由来　106

5.2　比較惑星学と生命居住可能領域　106
　　生命体の住める惑星・住めない惑星　106
　　金星と地球の大気が違う理由　109
　　マントル対流と惑星大気　111
　　プレートテクトニクスと海のつながり　112
　　水の起源　115

5.3　太陽系外惑星の研究　117
　　光度変化による検出　117
　　系外惑星発見以後の比較惑星学　118

《Column》海がないのに海洋地殻？　120

# 第6章　プレートテクトニクスと生命環境　121

6.1　大気と海洋の起源　122
　　大気の二次起源　123
　　希ガスはなぜ希少なのか？　124
　　プレートテクトニクスによる大気形成　127

6.2　二酸化炭素と酸素の歴史　129
　　地球温暖化と二酸化炭素　129
　　炭素の循環　132
　　二酸化炭素濃度の制御メカニズム　134
　　酸素の収支　135
　　酸素の出現　137

- 6.3　プレートテクトニクスと海水面変動　139
  - 海水面変動の歴史　139
  - 大陸の平均標高が低いわけ　141
  - 新しい地球史観とのかかわり　142

- 6.4　火成活動がもたらすもの　145
  - 洪水玄武岩と海台　145
  - 生命の大量絶滅の原因？　148

# 第7章　プレートテクトニクスはいつか終わるのか　151

- 7.1　地球の冷却　152

- 7.2　太陽の一生と海洋の蒸発　154
  - 輝きを増していく太陽　154
  - 海洋とプレートテクトニクスの寿命　156

《Column》地球近傍小惑星と人類の未来　158

# 第8章　プレートテクトニクス理論のこれから　159

- 8.1　地球科学の難しさ　160

- 8.2　プレートテクトニクスの3つの謎　161
  - なぜ地球ではプレートテクトニクスが起こっているのか　161
  - 昔のプレートテクトニクスは今より活発だったのか　164
  - プレートテクトニクスはいつはじまったのか　166

- 8.3　プレートテクトニクスが関係するその他の難題　168
  - 暗い太陽のパラドックス　168

大陸地殻の厚さ　168
　　地球磁場と海　171
　　これからの地球科学に期待すること　171

おわりに　173

参考文献　174

索引　176

An Illustrated Guide to Plate Tectonics

第 1 章

# 地球はどんな構造をしているのか

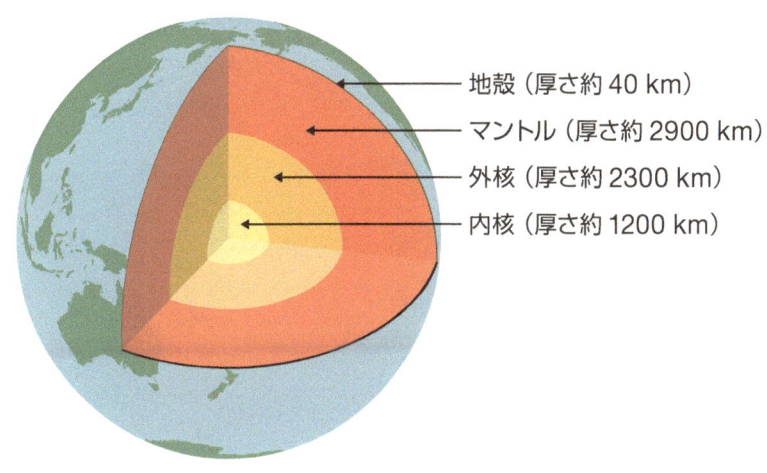

- 地殻（厚さ約 40 km）
- マントル（厚さ約 2900 km）
- 外核（厚さ約 2300 km）
- 内核（厚さ約 1200 km）

「プレートテクトニクス（plate tectonics）」の「テクトニクス」は「スケールの大きい地殻変動」を意味します。また、「プレート」は地球の表面を覆う板状の構造のことです。**図 1.1(a)** のように、地球の表面は十数枚のプレートに分かれており、どのプレートも動いています。このプレート運動のことをプレートテクトニクスと呼んでいます。ただし、プレートテクトニクスはたんに地表で起こる現象だけを指す用語ではありません。**図 1.1(b)** に示されているのは地球表面での動きだけですが、地表の動きは地球

**図 1.1** (a) 主なプレートの名前。線 AA′ と BB′ に沿って地球を切ってみた様子が図 1.2 に示されている。(b) 現在のプレート運動の様子（Argus et al. [2011] に基づく）。

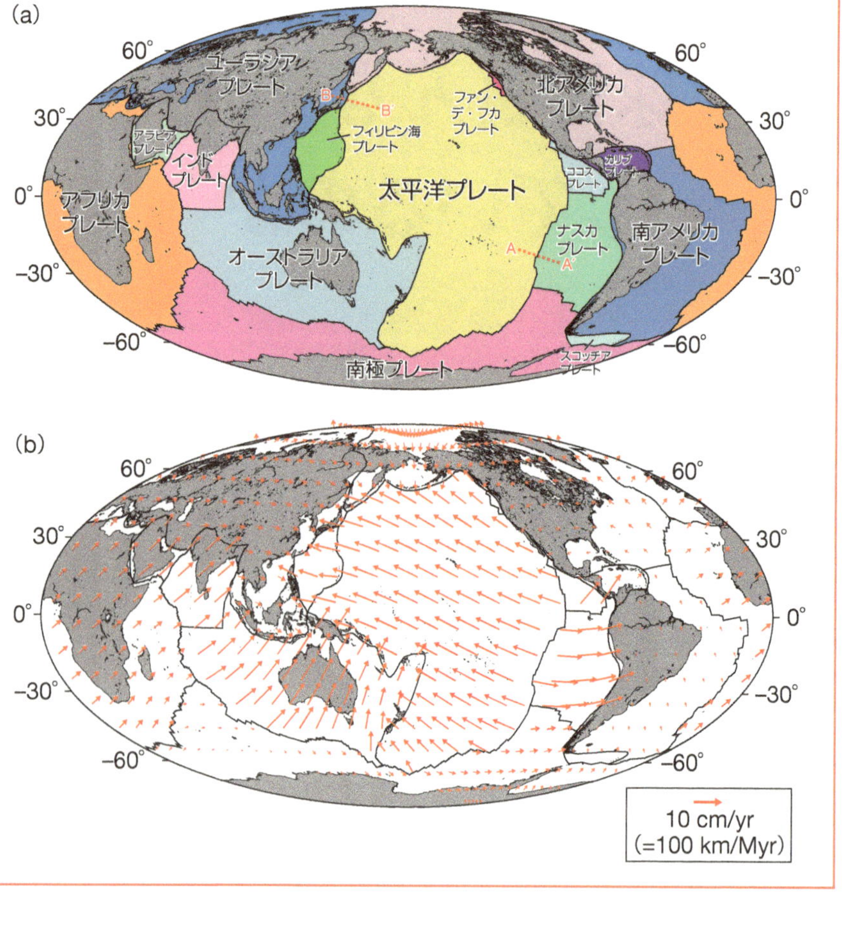

内部で起こっていることをも反映しています。そのような地球内部の活動までもひっくるめてプレートテクトニクスと呼ぶこともあります。

本書の方針は、この広義のプレートテクトニクスを学び、地球をまるごと理解してしまおうというものです。地表と地球内部のつながりを理解するには地球の内部構造の理解が不可欠ですから、この章ではまず地球内部構造について見てみましょう。

## 1.1 プレートとは

### プレートは生まれては消えていく

**図 1.1** は地表の動きだけを示していますが、その下はどうなっているのでしょうか？ **図 1.2** はそれを模式的に描いたものです。地表から深さ 100 km くらいまでは非常に硬いので、地表と同じように動いていて、この硬い部分を「**プレート（plate）**」と呼びます。

地球の表面は十数枚のプレートで覆われていて、それぞれのプレートが別個に動いているので、あるところではプレートが衝突したり、あるところでは離れていったりしています。2 枚のプレートがぶつかり合うところでは、たいていの場合、どちらか片方がもう片方の下に沈み込んでいて、そういうプレート境界のことを「**沈み込み帯（subduction zone）**」といいます。プレートどうしが離れていく場合は、その隙間を埋めるように下から物質が湧き上がってきて、ここでは新しいプレートが次から次へとつくられています。こういう湧き出し型のプレート境界は海の真ん中にあることが多いので、「**中央海嶺（mid-ocean ridge）**」と名づけられています。湧き出し型のプレート境界が海の真ん中にあるのには、ちゃんと理由があるのですが、それは後ほど説明することにしましょう。また、**図 1.2** にあるように、プレートは中央海嶺から離れるにしたがって少しずつ分厚くなっているのですが、その理由は**第 3 章**で詳しく説明するマントル対流の原理を知ると容易に理解できます。

このようにプレートは中央海嶺で生まれて、沈み込み帯で地球深部に戻っていきます。このプレートの動きは地球で起こっているさまざまな現象を

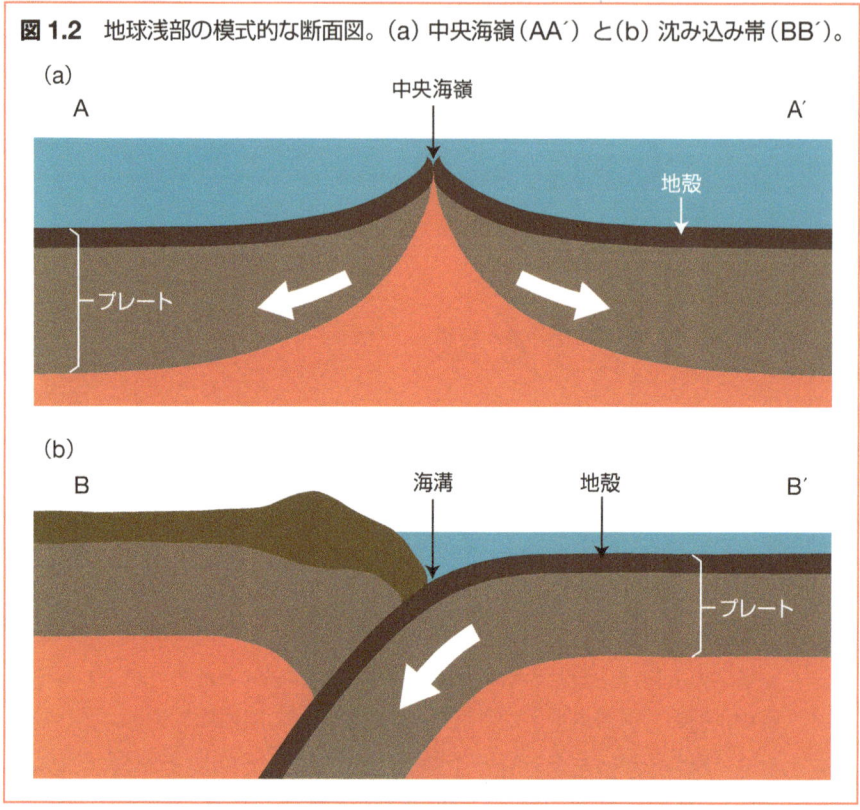

**図 1.2** 地球浅部の模式的な断面図。(a) 中央海嶺（AA´）と(b) 沈み込み帯（BB´）。

引き起こしたり、もしくは大きな影響を与えたりしています。地震、火山、造山活動はもちろんのこと、地球磁場、地球の大気や海洋の進化、気候変動にも深くかかわっていますし、生命の進化とも関係しています。そもそも地球上で生命が誕生したのは、プレートテクトニクスのおかげといっても過言ではありません。

## プレート運動のスケール

　プレート運動は 1 年でせいぜい 10 cm という非常にゆっくりとしたものなので、その重要性を直観的にとらえるのは難しいかもしれません。しかし、巨大なプレートが 1000 万年もの間同じ方向に絶えず動き続けると、たかだか年間 10 cm の速度でも 1000 km も移動することになります。その間、中央海嶺で新しくつくられたプレートの重さは $7 \times 10^{21}$ kg にもなり、

これと同じだけの量のプレートが沈み込み帯で失われるのです。これは海水の全質量の5倍、日本列島の質量の200倍にも相当します。

このように、プレートテクトニクスは地表と地球内部との間の物質のやりとりをつかさどるきわめて重要なプロセスであり、地球という惑星の進化を本質的に支配しています。プレートテクトニクスと地球上で起こりうるさまざまな現象とのかかわりを正しく理解するためには、知っておかないといけないことが数多くありますが、まずは「プレートとは何か」をもう少し正確に定義して、地球の構造とのかかわりについて学ぶことにしましょう。

# 1.2 プレートと地殻、マントル、そして核

## 化学成分に基づく構造区分

さて、**図1.3**に示したように、地球の内部が**地殻（crust）**、**マントル（mantle）**、**核（core）**という3つの層からできていることを知っている読者は多いと思います。なかには、前節で「地表近くの硬い部分」と表現したプレートとは地殻のことなのだろうか、それともまったく別物なのだろうか、別物だとしたら、両者はどういう関係にあるのだろうか、などといった疑問を持つ人もいるかもしれません。

まず、地殻、マントル、核という3つの層はそれぞれまったく異なる化学成分を持ちます。核は金属（主に鉄とニッケル）からできていて、地殻とマントルはどちらも**ケイ酸塩（silicate）**という、いわゆる岩石からできているのですが、地殻とマントルはそれぞれ異なる化学組成の岩石からできています。このように「化学成分」に着目して地球の構造を調べると、地殻、マントル、核の3層に分かれているというわけです。ちなみに、核はさらに固体の内核と液体の外核に分かれていますが、どちらも金属でできています。初期地球では核はすべて融けていたと考えられていて、地球の冷却に伴い液体金属が少しずつ固化されることによって、内核がつくられました。

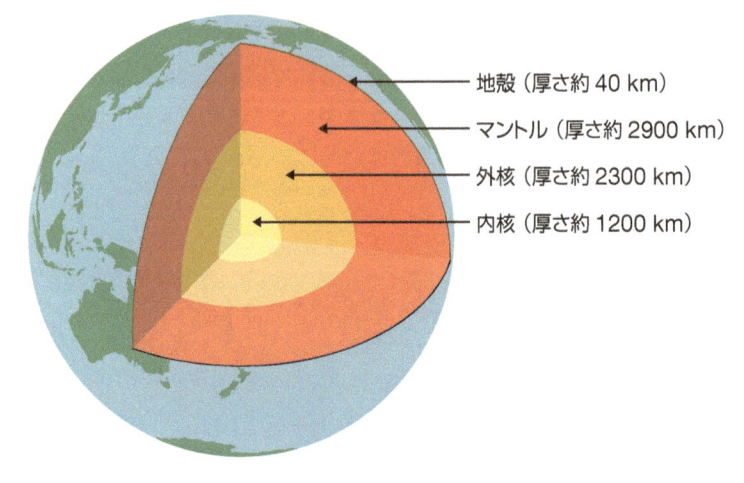

**図 1.3** 地球の化学的構造。地殻（海洋の下では厚さ約 6 km、大陸での平均の厚さは約 40 km）、マントル（厚さ約 2900 km）、外核（厚さ約 2300 km）、内核（厚さ約 1200 km）。地殻の厚さは地球の半径の 1%にも満たないので、線のようにしか見えない。

## 力学的性質に基づく構造区分

　これに対して「プレート」という概念は、ものの硬さという力学的な性質に基づきます。たいていのものは熱くなると柔らかくなり、また地球内部は深くなればなるほど温度が高くなる傾向にあるので、地表付近とくらべると地球内部はかなり柔らかくなっています。地球深部の柔らかい部分と区別するために、地表近くの比較的温度が低くて、そのために硬い部分を「プレート」と呼んでいるわけです。地殻は地表直下の層ですから、たいていの場合プレートの一部です。また、その下のマントルも上部 100 km くらいまでは十分に硬いので、その部分もプレートに含まれます。

　ものの硬さは温度によって大きく変わり、また地球内部の温度分布も場所によってかなり違うので、どの深さまでがプレートなのかも場所によって変わります。たとえば**図 1.2** に示されているように、中央海嶺の下では熱いマントルがかなり浅いところまでやってきているので、プレートが薄くなっています。また、沈み込み帯では表面にあったプレートがもぐり込んでいるわけですが、はじめは冷たかったプレートも熱いマントルの中を

沈んでいくうちに徐々に温められ、いずれは、まわりのマントルと同じように柔らかくなり、プレートではなくなります。

## リソスフェアとアセノスフェア

　プレートという用語とは別に、「**リソスフェア（lithosphere）**」という言葉もありますが、たいていの場合プレートと同じものを指していると考えてかまいません。リソスフェアはプレートテクトニクス理論が生まれる以前、20世紀はじめに考えだされた言葉で、「岩石（litho-）からできている層（sphere）」という意味です。リソスフェアの下にある、より柔らかい層には「**アセノスフェア（asthenosphere）**」という名前がついていて、これは「弱い」という意味のギリシア語の asthenes からきています。この定義からすると、すべてのマントルはリソスフェアとアセノスフェアのどちらかに分けることができそうですが、今日アセノスフェアという言葉はもっと狭い意味で使われています。アセノスフェアは、リソスフェアよりは下にあるけれども、地下約 400 km よりは浅いところにある層、と理解しておくとよいでしょう。それより深いところにあるマントルはリソスフェアよりは柔らかいけれども、アセノスフェアよりは硬いと考えられていて、この部分を「メソスフェア（mesosphere）」と呼ぶこともありますが、今ではあまり使われない用語です。

　そもそも「スフェア（sphere）」という言葉は「球」もしくは「球面」という意味ですから、「○○スフェア」という名称は、ある程度均一に水平方向に広がっているものに対してのみ妥当といえます。前述のように用語が確立されていないのは、マントル深部での岩石の硬さがじつはいまだによくわかっておらず、水平方向にどの程度の変化があるのかはっきりしていないからです。

　ちなみに、リソスフェアは「岩石からできている層」という意味ですが、その下にあるアセノスフェアも固体である岩石からできています。プレートやリソスフェアの下にはどろどろに融けたマグマ（溶岩）があるように描かれたイラストをたまに見かけますが、これは間違いです。厳密にいうと、アセノスフェアは少しだけ融けていることもありますが、それでも完全に融けている状態のマグマにはほど遠く、基本的に固体と思ってよいでしょう。プレートの下にある熱いマントルは「液体のように柔らかい固体」

という一見矛盾した表現を使って説明しないといけないのですが、このことはじつは、プレートテクトニクス理論が誕生するまでにかなり時間がかかった原因のひとつでもあるのです。これについては**第3章**で詳しく解説します。

## 1.3 地球の構造と歴史

### 現在の地球の内部構造を知る方法

**図 1.3** には、地殻、マントル、核という地球の層構造が描かれていますが、このような内部構造は主に地震学の研究によって明らかにされてきました。地震が起きると、地震波が地球内部を伝わりますが、この波がどのように伝わるのかを詳細に調べることによって、内部構造を推定できるのです。

われわれはふだん、いろいろなものを目で見ています。われわれが「ものを見る」までには、①太陽や電灯から放出されている可視光域の電磁波が、②ものの表面で反射されて、③われわれの目に届き、④その信号が脳で解析される、という一連の過程を経ています（**図1.4(a)**）。地震波を使って地球の内部を調べるのも、これと同様に理解することができます。①地震によって解放されるエネルギーが波となって地球内部を伝わる際に、②マントルと核の境界のようなさまざまな障害物に（部分的に）跳ね返されたりするのですが、そういう波が最終的に地表にまで届くと、③地震計という装置に記録され、④その記録を地震学者が解析して内部構造を描き出します（**図1.4(b)**）。地震波、地震計、地震学者が、それぞれ電磁波、目、脳の役割を果たしているのがわかるでしょう。

### 内部構造の変遷

さて、現在の地球が**図1.3**のような層構造になっていることは確かなのですが、はたして昔からこのような構造だったのでしょうか？ 地震学によって明らかにされる構造は現在の地球についてだけなので、過去の構造についてはほかの手法によって推定するしかありません。過去の地球で何

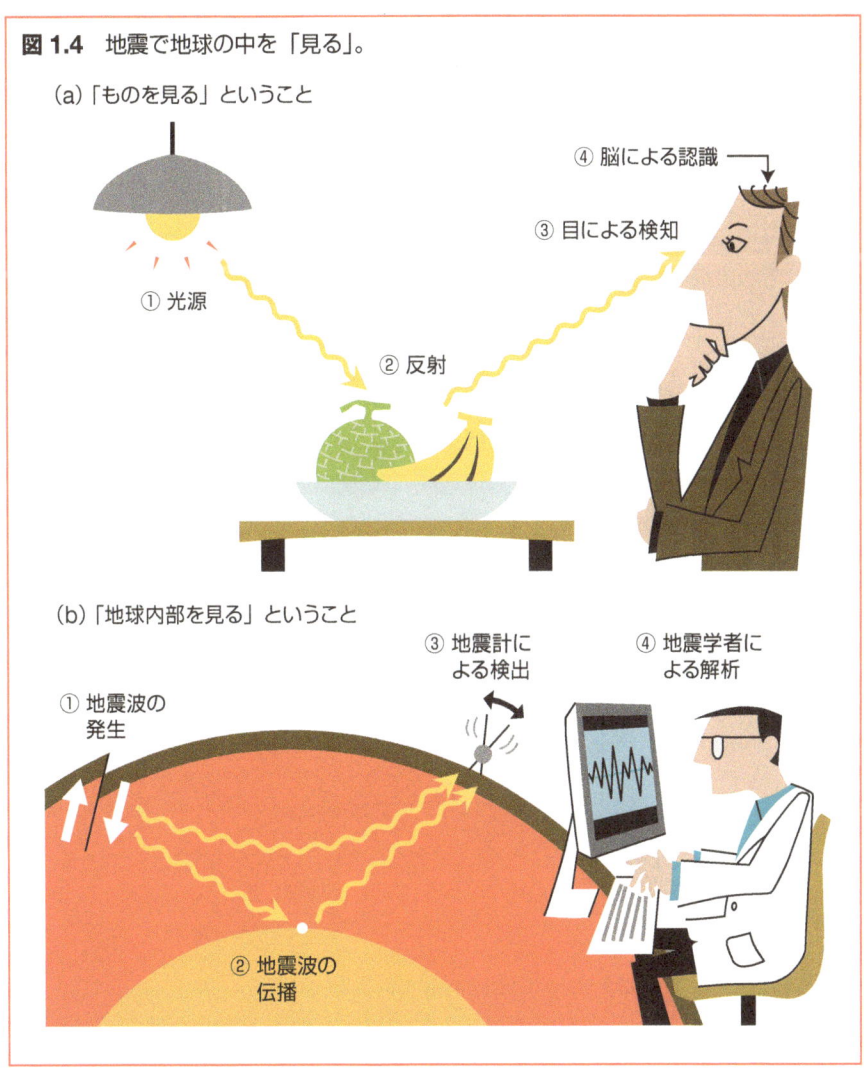

図 **1.4** 地震で地球の中を「見る」。

が起こったのか、そもそも地球はいつできたのかなどの疑問に関しては、地球化学や地球年代学といった学問が活躍するのですが、それらの研究結果をごくおおざっぱにまとめると以下のようになります。

地球を含む太陽系が誕生したのは約 46 億年前のことです。はじめの 1 億年は微惑星どうしの衝突を繰り返すことによって、地球が少しずつ成長していました。この時期の地球には「**原始地球（primordial Earth）**」と

いう名前がついています。また、激しい衝突のために、地球の大部分が高温のマグマだった可能性が高いと考えられていて、そのような状態を「**マグマオーシャン（magma ocean）**」と呼びます。このマグマオーシャンの時代に、鉄などの金属に富む重い成分が地球の中心に落ち込んでいくことによって、核ができたと考えられています。つまり核は地球ができあがるのとほぼ同じ頃にできた構造なのです。核を除く残りの部分がいわゆる岩石と呼ばれているもので、「**始原的マントル（primitive mantle）**」とも呼ばれます。マグマオーシャンによって、生まれたばかりの原始地球があっという間に金属核と始原的マントルの2層に分化したというわけです。

　この始原的マントルがさらに分化することによって、地殻という層が生まれ、残りの部分が現在のマントルになりました。地殻にも**大陸地殻（continental crust）**と**海洋地殻（oceanic crust）**の2つがありますが、海洋地殻はプレートテクトニクスによってつねにマントル深部へとリサイクルされているため、最も古いものでも1億8000万年くらい前のものです（図1.5）。それにくらべて大陸地殻は地表にとどまる傾向にあるので、平均的な年代は20億年、最も古い部分の形成時期は40億年前にもさ

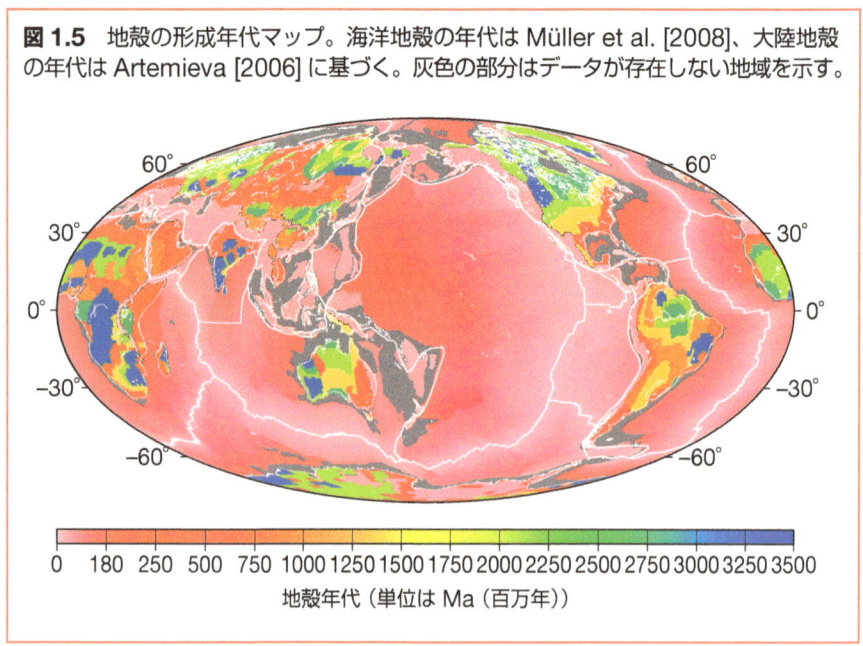

**図1.5** 地殻の形成年代マップ。海洋地殻の年代はMüller et al. [2008]、大陸地殻の年代はArtemieva [2006]に基づく。灰色の部分はデータが存在しない地域を示す。

かのぼります（**図1.5**）。

　現在の大陸地殻の年代分布を眺めると、古いものほど少ないことが見て取れますが、だからといって、昔の大陸は今よりも小さかった、というわけでもありません。なぜなら、大陸地殻も浸食作用によって削られた後、海に運ばれて堆積物となり、海洋地殻とともにマントルに沈み込むことができるからです。大昔の大陸はどうなっていたのだろうか、また、大陸はどのように成長してきたのだろうかという疑問は、じつは未解決のまま残されています。

　このように地球の構造、特に地殻の部分は時間が経つとともに少しずつ変化しているのですが、これは固体地球に限った話ではありません。たとえば大気の化学成分に注目してみると、現在は約20%も含まれる酸素が、初期地球の大気にはほとんど存在していなかったことが知られています。現在のように、大気中に酸素が豊富に存在するようになったのはここ数億年の話です。大陸の成長、大気の進化、そして海洋の進化までも、地球のマントルがどのように活動してきたか、プレートテクトニクスがいつはじまって、そしてどのように進化してきたか、ということに大きく左右されてきました。

　プレートテクトニクスはこのように、地球史を理解するうえで非常に大切なのですが、「地球ではプレートテクトニクスが起こっている」という事実が明らかになったのが、じつは1960年代というわりと最近のことなのです。プレートテクトニクス理論の登場によって、地球科学は劇的な変貌を遂げました。この地球科学における革命といってもよい事件の前後の流れを知ることは、科学史的にも興味深いのですが、地球物理学をより深く理解することにもなるので、次章ではまずこのことについて解説します。

## column　地震波トモグラフィーと数独

**1.3節**で、地球の構造は主に地震波を使った観測で求められていると説明しました。**図1.3**には単純な構造しか示していませんが、現在では地震波トモグラフィーという手法によって、かなり詳しい構造までわかっています（下図）。

比較的大きな地震が起こると、世界中の地震計で地震波が観測され、地震が起こってから何分何秒後にどういう種類の地震波が到達したかがわかります。これを走時の観測値と呼びます。一方、球対称の標準構造モデルから期待される走時の理論値をはじきだすこともできます。観測値と理論値はかなりよく一致しますが、たいていの場合数秒程度のずれがあります。観測値が理論値よりも小さい場合は、震源から地震計に地震波が到達するまでの間、どこかで地震波速度が標準モデルよりも速い地域を通過したことを意味しています。逆の場合は、遅い地域を通過したことになります。震源と地震計が遠く離れている場合は、この「どこか」というのがかなり曖昧になりそうですが、多数の震源と地震計の組み合わせを同時に考えることにより、それを防ぐことができるのです。

これはじつは、数独というパズルによく似ています。ひとつの行や列だけを考えると、数字の入れかたには多数の組み合わせがあって、解は一意に求まりませんが、すべてを同時に考えることによって、「このマスには絶対5が入らないといけない」などということを論理的に導くことができます。地震波トモグラフィーは、空白のマスが数十万個もある三次元版の数独を解いているようなものなのです。

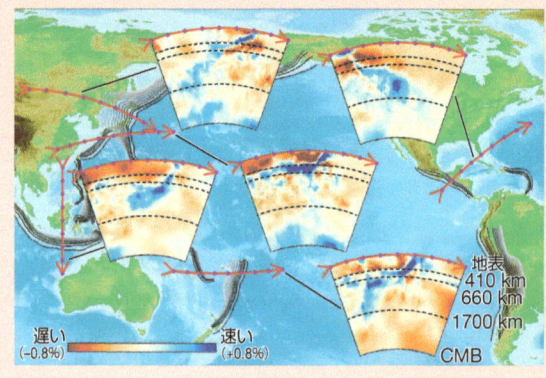

地震波トモグラフィーによるマントルの速度構造の例（Albarede and van der Hilst [2002] から転載）。赤線のところでマントルを切った断面が示されている。地震波速度が平均よりも速い部分を青色、遅い部分を赤色で示している。たいていの場合、冷たいマントルほど地震波速度が速くなるので、冷たい色（青色）で正の速度異常を表現するのだ。沈み込み帯で冷たいプレートがマントル深部に沈んでいく様子が見て取れる。図中のCMBとはコアーマントル境界（core-mantle boundary）のことである。

An Illustrated Guide to Plate Tectonics

# 第2章

# プレートテクトニクスの発見

アルフレッド・ウェゲナー（1880-1930）

地球の表面が十数枚のプレートに分かれていて、各々のプレートがさまざまに動いていることがわかったのは、1960年代のことです。アインシュタインが一般相対性理論を発表したのが1915年、シュレーディンガー、ハイゼンベルグ、ディラックらによって量子力学が確立されたのが1920年代後半、という物理学の歴史とくらべると、かなり最近の出来事のように思えます。今となっては、プレートテクトニクスは地球科学の基本中の基本といってもよい概念です。では、それ以前の時代に地球を研究していた人たちは、いったいどうしていたのでしょうか？　じつは、プレートテクトニクス理論にかなり似たアイデアは、20世紀前半にすでに提案されていたのです。提案されてはいたものの、さまざまな理由で多くの研究者の支持を取り付けるまでにはいたらず、そのせいで地球科学は長らく混沌とした状況下にありました。

## 2.1　失われた大陸？

　大航海時代にあたる15世紀半ば、しっかりとした世界地図が描かれるようになるとすぐに、大西洋を挟むアフリカ大陸と南アメリカ大陸の海岸線が酷似していることに気づく人が現れました。そして、「この2つの大陸はその昔1つだったものが引き裂かれてできたのでは？」という考えも登場しています。なかでも特筆すべきはフランスの地理学者アントニオ・スナイダー＝ペレグリーニの仕事です。彼は1858年に出版した本の中で、分裂以前の大陸の想像図（**図 2.1**）を描き、さらに、大昔は大陸がみなひとかたまりであったと考えると、異なる大陸における化石の分布のつじつまが合う（**図 2.2**）、ということまでも指摘しました。

　しかし、20世紀初頭になっても、地質学の世界で「大陸が動いたかもしれない」との考えが主流になることはありませんでした。「不動の大地」という表現があるように、大地は動くものではないという固定観念がわれわれにはあります。現実には少しずつ動いているのですが、動いても年間せいぜい数cmという微々たるものなので、日常生活で気づくレベルではありません。ですから、海岸線がいかにみごとに一致しようとも、大陸が動くという非常識な可能性を考える代わりに「幸運なる偶然」のひと言で説

**図 2.1** スナイダー＝ペレグリーニによる超大陸の再現図（Courtesy of the Earth Sciences and Map Library, University of California, Berkeley）。

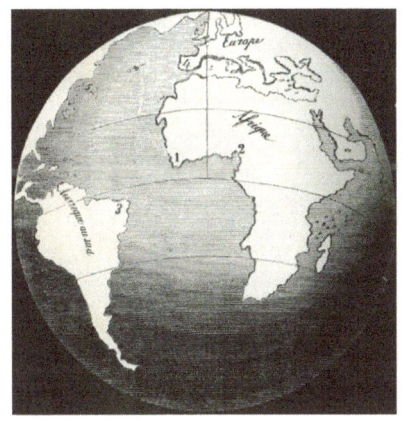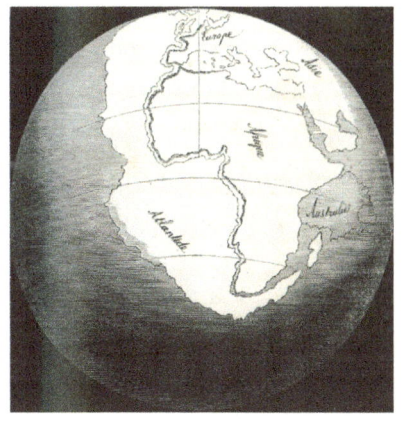

**図 2.2** 化石の分布と超大陸（USGS の図をもとに作成）。

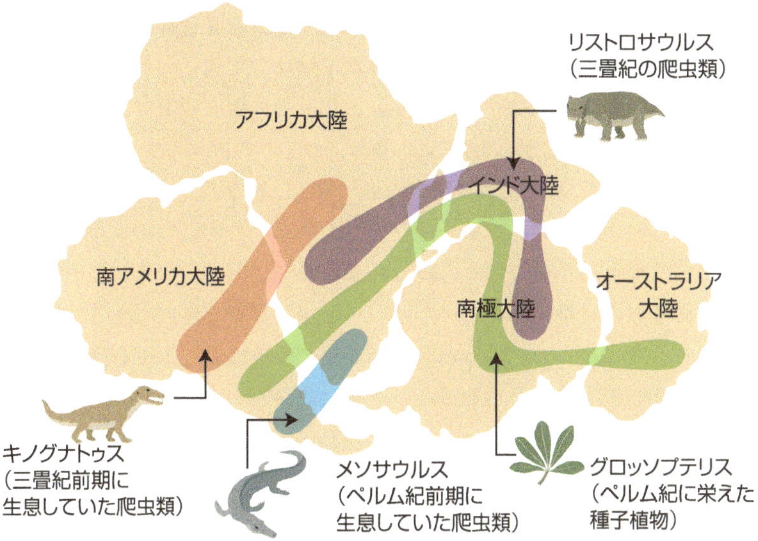

リストロサウルス（三畳紀の爬虫類）

アフリカ大陸

インド大陸

南アメリカ大陸

南極大陸

オーストラリア大陸

キノグナトゥス（三畳紀前期に生息していた爬虫類）

メソサウルス（ペルム紀前期に生息していた爬虫類）

グロッソプテリス（ペルム紀に栄えた種子植物）

明しようとしたのも、しかたないことかもしれません。

　でも、化石の分布はどうでしょうか？　これはたんなる海岸線の一致以上の説得力があります。さまざまな植物や動物の化石の分布までも偶然の

一致で説明しようとすると、あまりにも都合がよすぎるのではないでしょうか？　昔の地質学者や古生物学者も、この化石の分布の重要性はよく理解していました。でも大陸の移動はありえないと思っていました。そこで提案されたのが「**陸橋（land bridge）**」です。

## 陸橋説

　陸橋というのは、大陸と大陸の間を結んでいたけれども今は海に沈んでしまった陸地のことです。ちなみに陸橋は実在する代物です。たとえば2万年前の氷河期の頃には、海水面が今より100 m以上下がっていて、**図2.3**にオレンジ色で示した大陸棚と呼ばれている部分のほとんどは陸地の一部でした。有名な例では、北アメリカ大陸とユーラシア大陸を結ぶベーリング地峡、イギリスとヨーロッパを結ぶドッガーランドなどがあります。日本列島も氷河期の頃には九州と朝鮮半島、北海道とサハリンは陸続きでした。よく地表の30％は陸で70％は海といいますが、現在海面下にある大陸棚もじつは大陸地殻の一部で、地表の約40％は大陸地殻によって覆われています。大陸地殻の端の部分が現在たまたま海面下にあるので、見かけの陸地の割合が少なくなっているだけなのです。

　南アメリカとアフリカに見られる化石の一致を説明するために提案された陸橋は、このように実在する陸橋、つまり大陸棚の一部ではありません。20世紀初頭の時点では、海底地形の様子は**図2.3**のようにはっきりとはわかっていませんでしたが、それでも大西洋にこの2つの大陸をつなぎうるような地形がないことくらいはわかっていました。でも、化石の説明のためにそういう陸橋が欲しい、というわけで考えだされたのが「昔はあったけど、今は沈んでしまった」という案です。なんとも都合がいい説明のように聞こえますが、アトランティス大陸やムー大陸などの、昔は栄えていたけれども今は沈んでしまった大陸という古代の言い伝えがまだ完全に否定されていなかった時代でしたから、まあそういうことがあってもいいかも、と受け入れる人も多かったのかもしれません。当時は、化石を説明するために陸橋が必要という議論を利用して、アトランティス大陸などの伝説には科学的に根拠があった、と吹聴する一般向けの本が書かれたりもしています。

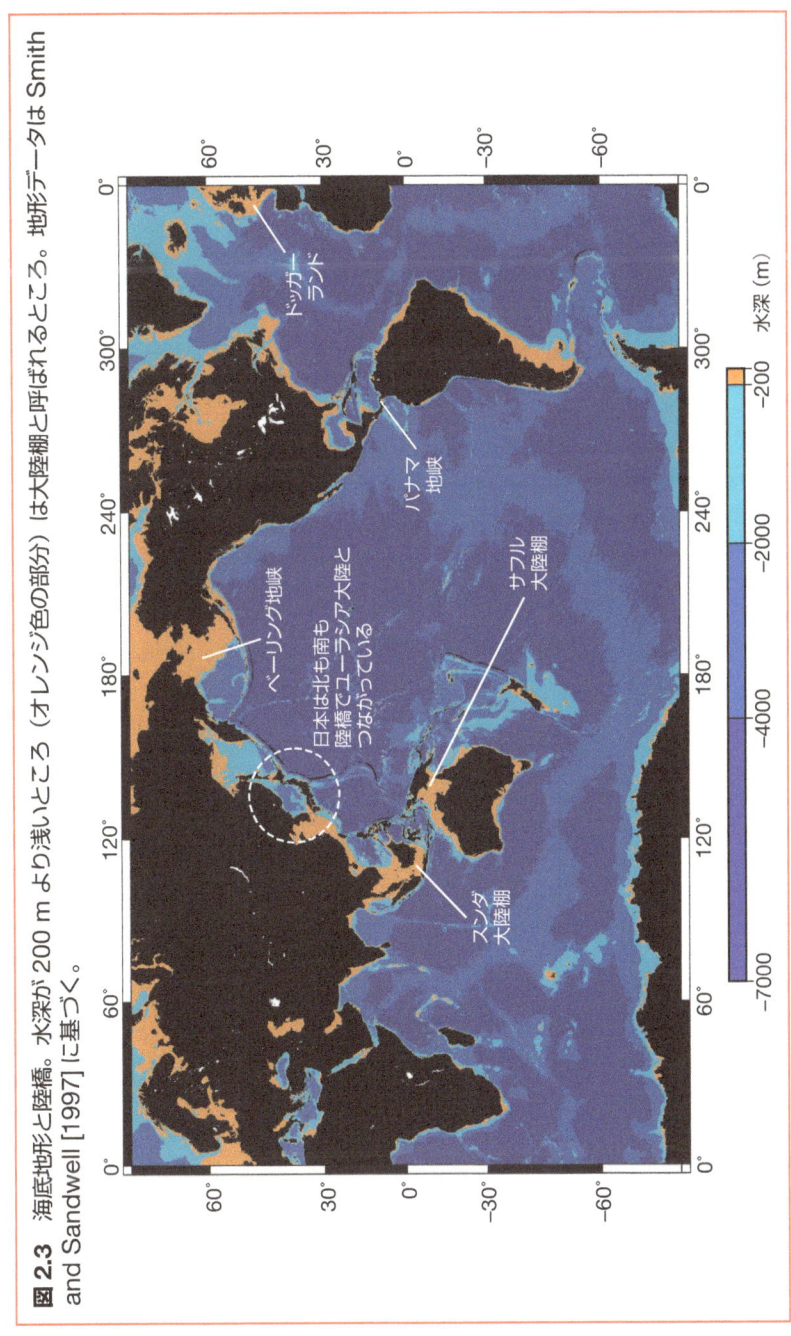

**図 2.3** 海底地形と陸橋。水深が 200 m より浅いところ（オレンジ色の部分）は大陸棚と呼ばれるところ。地形データは Smith and Sandwell [1997] に基づく。

2.1 失われた大陸？ | 17

## 混沌の理由

　さて、20世紀初頭のヨーロッパでは、このような陸橋説が主流でした。一方アメリカでは、大陸は浮いたり沈んだりすることはなく、ずっと海の上に顔を出しており、海底は昔からずっと海底にあるとする「**永久不変説 (theory of permanence)**」が主流でした。もちろん、この理論では化石の分布はうまく説明できませんが、それはあまり重要視されなかったようです。

　昔の文献を調べてみると、このように互いに相容れない理論が同時に存在して、かなり混沌とした状況が長い間続いていたことは間違いないのですが、同時にそれほど困ってもいなかった印象も受けます。なぜでしょう？ まず単純に「地球は大きい」ということが挙げられます。今でこそ、人工衛星の写真で地球の全貌を眺めることができますが、ふだん見る景色の中では地球が丸いということにすら気づきません。重力や磁場のように人工衛星で計測できるものを除くと、地球規模でデータを集めるためには、現代でもたいへんな時間と労力を必要とします。

　また、地質学はそもそも「この山はどうやってできたのだろう」とか「この岩はどこからきたのだろう」などといった、目の前にある地形や岩石の起源についての好奇心から生まれた学問ですから、研究活動はおのずと地域的、時には局所的なものになりがちです。そのような目の前にある手頃な問題にくらべると、地球全体がどうなっているかなんて「大きな問題」は、大きすぎてなんだかピンとこないと感じる研究者が多くいても不思議ではありません。じつは現代でも数多くいます。そういう人にとっては、地球規模で考えてはじめて明らかになる不整合性は、たとえどれほど本質的な問題でも、さほど切羽詰まった問題にはなりません。

　いずれにせよ、20世紀初頭は雑多な観測データと互いに矛盾する理論群が混在していた時代でした。この混沌とした状況に大きな風穴をあけるには、ずば抜けた才能の持ち主が必要でした。それがドイツのアルフレッド・ウェゲナーだったのです。

## 2.2 ウェゲナーの大陸移動説

### 気象学者アルフレッド・ウェゲナー

アルフレッド・ウェゲナー（図 2.4）は 1880 年生まれのドイツ人で、31 歳のときにドイツの地質学会で大陸移動説（continental drift hypothesis）を提案しました。彼は気象学者で、前年の 1911 年に『大気の熱力学』という教科書を出版しているくらいですから、そうとうに優秀な研究者だったのでしょう。しかしいくら優秀だったといっても、気象学の専門家が大陸移動説を提案したというのは驚くべきことです。

図 2.4　アルフレッド・ウェゲナー。グリーンランドでの観測などをもとに、北極圏の気象学に多大な貢献を残した。

1880 年：ベルリンに 5 人兄弟の末っ子として生まれる。
1905 年：フンボルト大学ベルリンで天文学の博士号を取得後、気象台の助手になる。
1906 年：兄のクルトと一緒に、気球の連続飛行で当時の世界記録（52.5 時間）をつくる。兄も気象学者だった。同年に、最初のグリーンランドの探検に参加。グリーンランドに最初の気象観測所をつくる。
1908 年：マールブルク大学の気象学の講師になる。わかりやすい教えかたが評判で、講義ノートをもとに『大気の熱力学』という教科書を書くことに。 
1912 年：大陸移動説を地質学会で発表する。その後 2 回目のグリーンランドの探検に出かけ、探検隊リーダーと 2 人で内地でのはじめての越冬に成功。しかし、その後の食料不足であやうく餓死寸前。
1914 年：第一次世界大戦勃発。前線に招集されるが、二度の負傷のため、気象予報チームに配属。
1915 年：『大陸と海洋の起源』を出版するが、戦時中のため、あまり注目されなかった。

1924 年：グラーツ大学の教授になる。グリーンランドで得られた観測結果をもとに気象学の研究を続ける。
1929 年：3 度目のグリーンランドの探検。
1930 年：4 度目のグリーンランドの探検に出かける。3 つの観測所をつくるなどの大規模な調査活動を隊長として率いたが、仲間を救助しようとして、帰らぬ人に。

地球科学者には大きく分けて、大気や海洋などの地球表層の現象を研究する人たちと、地球内部の構造や現象を研究する人たちの2つのタイプがいます。大気や海洋での現象は基本的に時間スケールが短く、たとえば最近話題の地球温暖化の研究で議論されているのは今後数十年の気候についてで、1000年後や、1万年後のことを議論しているわけではありません。一方、地球内部を研究する固体地球科学では、時間スケールが100万年以上になることがふつうです。

　このように、考える時間スケールがまったく違うので、同じ地球科学者といっても、大気海洋科学者と固体地球科学者はあまり共通の話題がなく、同じ団地に住んでいるけども、ときどき挨拶を交わす程度の知り合いといった関係です。ですから気象学者、つまり大気科学の専門家であるウェゲナーが大陸移動説という固体地球科学の歴史を揺るがす考えを提案したというのは、科学史上でもきわめてまれな大事件でした。

## 歴史的名著『大陸と海洋の起源』

　ウェゲナーは1912年にはじめて学会や論文で大陸移動説を発表し、1915年には**『大陸と海洋の起源』**という一冊の本のかたちで発表します。彼はその後も精力的に大陸移動説の検証を続け、研究の成果をこの『大陸と海洋の起源』を改訂することによって発表していきます（**図2.5**）。1920年に第2版、1922年に第3版、1929年に第4版が出されたのですが、これらはすべてドイツ語で書かれました。第3版ではじめて英訳され、全世界の学者の目に触れることになりました。現在簡単に手に入るドーバー出版社から出ている英語版は第4版をもとにしており、日本語版（『大陸と海洋の起源（上・下）』、都城秋穂・紫藤文子訳、岩波書店）も同じく第4版の全訳です。

　先にも述べたように、大陸移動のアイデアがウェゲナー以前にも提案されていたにもかかわらず、彼が大陸移動説の提唱者として知られている理由は、この本を読むとよくわかります。この本の中で、彼はありとあらゆる観測事実をまとめあげ、非常に深い理論的考察をおこなっています。第4版は「歴史的序論」からはじまり、「大陸移動説の本質」「測地学的議論」「地球物理学的議論」「地質学的議論」「古生物学的および生物学的議論」「古気候学的議論」「大陸移動と極移動」「大陸を動かす力」「シアル層について」「海

**図 2.5** 『大陸と海洋の起源（第 4 版）』(1929) に載っている大陸復元図。上から順に、「石炭紀前期」（約 3 億年前）、「始新世」（約 4000 万年前）、「現在」と書いてある。

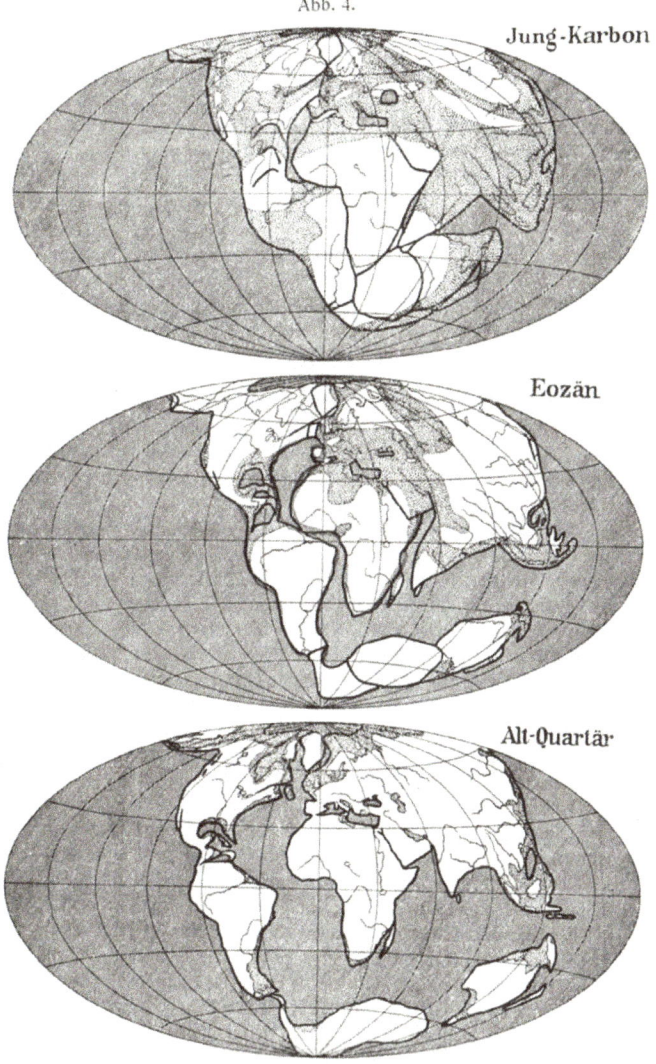

底について」の全11章からなっていますが、このように多岐におよぶ話題について、たったひとりの人間がまとめあげたこと自体が驚異的です。

本の名前はよく知っていても、実際に中身を全部読んだことのある人はどれほどいるでしょうか？ 地球科学を本格的に学ぼうと思っている人にはぜひ一度は読んでもらいたい歴史的名著です。もちろん、今となっては明らかに間違ったことを述べている箇所も少なくないのですが、それを差し引いても読む価値があります。

## 大陸は沈まない

『大陸と海洋の起源』の中でウェゲナーは、地球の地形の本質——そびえ立つ大陸と深い海底——は大陸地殻と海洋地殻が異なる物質でできているために生じたと主張しています。大陸地殻は海洋地殻にくらべて軽い岩石でできているために、氷山が海面から顔を出すのと同じ浮力の原理（図

**図 2.6** 浮力の原理。

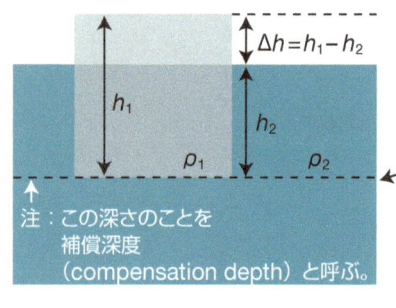

浮いている物体の底の深さでは、圧力はどこでも同じになっている。つまり、

$$\rho_1 g h_1 = \rho_2 g h_2$$

（$\rho$ は密度、$h$ は高さ、$g$ は重力加速度）が成立している。
これより、

$$\Delta h = h_1 - h_2 = h_1 \cdot \frac{\rho_2 - \rho_1}{\rho_2}$$

や

$$h_1 = \Delta h \cdot \frac{\rho_2}{\rho_2 - \rho_1}$$

が導ける。

注：この深さのことを補償深度（compensation depth）と呼ぶ。

氷山の場合を考えると、
$\rho_1$（氷の密度）$= 920 \text{ kg/m}^3$
$\rho_2$（水の密度）$= 1000 \text{ kg/m}^3$
なので、たとえば水面からの高さが30 m の氷山だと
$\Delta h = 30 \text{ (m)}$
より、
$h_1 = 30 \times 1000/(1000-920) = 375 \text{ (m)}$
となる。
「氷山の一角」という表現があるが、英語でも "the tip of the iceberg" というまったく同じ表現がある。

2.6）によって、海底より高いところに浮いているというわけです。この浮力の原理はアルキメデスの原理とも呼びますが、地質学では「**アイソスタシー（isostasy）**」という名称を使います。アイソスタシーはウェゲナー以前からあった概念ですが、大陸と海底という大局的な構造に応用したのは彼がはじめてでした（**図2.7**）。そして、この応用が正しければ、「沈む大陸」は物理的にありえない代物になります。「大陸が沈むことがある」と主張するのは、「氷山が海面下にもぐることもある」といっているのと同じことになるわけですから…。

　また、アイソスタシーが成立するくらい地球の内部が十分に流動的だとすると、つまり浮力の釣り合いを得るために地殻が上下方向に動くことができるくらい地球内部が柔らかいならば、大陸が横方向に動くことも可能

**図2.7** アイソスタシーとは。

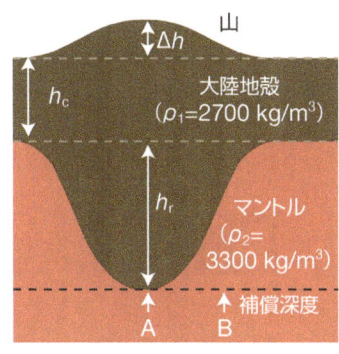

浮力の原理が、山などの地質的構造にもあてはまるとするのがアイソスタシーである。左の例で、補償深度における点Aと点Bでの圧力が同じとすると、
$$\rho_1 g(\Delta h + h_c + h_r) = \rho_1 g h_c + \rho_2 g h_r$$
となり、これから
$$h_r = \Delta h \cdot \frac{\rho_1}{\rho_2 - \rho_1}$$
が導ける。
大陸地殻の平均的な厚さは40 kmだが、山があると局所的に分厚くなる。
たとえば、3 kmの高さの山があると、その場所の地殻の厚さは
$$\Delta h + h_c + h_r$$
$$= 3 + 40 + 3 \times 2700/(3300 - 2700)$$
$$= 59.2 \text{ (km)}$$
となり、平均より約20 kmも分厚いのである。

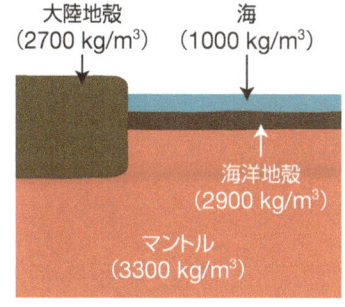

ウェゲナーはこのアイソスタシーを、大陸と海というより大局的な構造に応用した。大陸地殻は花崗岩などからできていて、平均密度は2700 kg/m³くらい。一方、海洋地殻は玄武岩からなり、平均密度は2900 kg/m³程度。海底が陸地よりも低いところにあるのは、海洋地殻が大陸地殻よりも高い密度を持つためである。

ではないだろうか、と論理を展開していきます。

さらに、昔はひとかたまりだった大陸が分裂して現在にいたるという大陸移動説がいかに自然な考えかたであるかを、ウェゲナーは新聞紙を使ってわかりやすく説明しています。ばらばらに引き裂かれた新聞紙の切れ端があり、それらの切れ目がぴったりと合ったとします。切れ端の形がぴったり合うだけなら、たんなる偶然かもしれません。しかし、それらに書かれている記事の内容がうまくつながったとしたら、しかも複数の文章がすべてつながるならば、それらはもともと1枚の紙だったとしか考えられないのではないだろうか、というわけです（**図2.8**）。大陸移動説の場合、古生物の化石や特異な地質構造が「記事の文章」に相当します。

大陸移動説の利点を次々と挙げていくと同時に、ウェゲナーは陸橋説を上記のアイソスタシーの観点以外からもさまざまに批判していきます。古生物学や古気候学から見ても陸橋説はいろいろ都合が悪いところがあるのですが、筆者が特に痛快だと思うのは、純粋に幾何学的ともいえる次の論理です。「仮に沈んだ陸橋があったとすると、沈む前の陸橋は海水を陸上に押し上げていたはず。そうすると、現在陸地のところまでも海面下に沈ん

**図2.8** これははたして偶然なのか…

でしまう。」つまり、陸橋があると、異なる大陸の陸上生物の分布のつながりを説明するどころではなく、逆に陸上生物の存在すら説明できなくなるのです。

『大陸と海洋の起源』の第4版の序文にウェゲナーは、「地球の過去の姿を解き明かすためには地球科学のすべての分野を総動員しなくてはいけない。しかし、このことを科学者たちはまだ十分に理解していないように思える。」と書いていますが、現代の研究者に対する苦言としても十分通用する、じつに含蓄のある言葉です。至極当たり前のことをいっているのですが、研究者はどうしても自分の狭い専門分野の中に閉じこもりがちです。別に閉じこもろうと思ってそうしているわけではなく、自分の専門に限ってもやらなくてはいけないことがやまほどあるので、まわりの分野のことをそんなに気にしていられないのです。自分の縄張りをしっかりと決めて、その中で深く掘り下げるというのは一流の研究者によく見られるスタイルでもあります。ですから、地球科学のあらゆる分野の文献を徹底的に調べあげて、『大陸と海洋の起源』という総説を書きあげるという偉業は、ウェゲナーのような超一流の科学者でないと実現できなかったことなのでした。

## 主流にならなかった理由その1——学問分野の壁

しかし、ウェゲナーが唱えた大陸移動説は、一部の研究者に好意的に受け取られただけで、当時の固体地球科学に大きな影響を与えることはありませんでした。これには主に3つの理由が考えられます。

まず第一に、彼が気象学者という「部外者」であったことが大きいでしょう。19世紀後半にイギリスのケルビン卿というたいへん高名な物理学者が「地球の年齢はせいぜい1億年程度」という推定をして、当時の地質学界は大きく揺れたのですが、ベクレルやキュリー夫妻による放射性元素の発見によって、ケルビンの計算が根本的に間違っていたことが判明した、ということがありました。この「事件」は20世紀初頭の人々の記憶に新しかったことでしょう。素人は口を挟むな、という風潮はどこの学界にもあると思いますが、特に地質学は地道な野外調査を伴う学問ですから、本を読んだだけで偉そうな仮説を唱えるものじゃない、と反感を持つ人が数多くいたのも無理はないかもしれません。

## 主流にならなかった理由その2——発表のしかたがまずかった

　第二に、ウェゲナーの本の書きかたにも問題がありました。地質学はイギリスで生まれた学問ですが、20世紀初頭には舞台の中心はすでにアメリカに移っていました。ウェゲナーの本は特にアメリカの研究者に受けが悪かったのですが、これはなぜかというと、当時のアメリカは広大な国土を精力的に調査している最中で、学術的な論文はたいてい、苦労して集めた膨大な野外データをまとめたうえで、データの解釈はあくまでも憶測として謙虚につけ加えるというスタイルで書くのがふつうだったからです（注：あくまで昔のアメリカでの話です）。またシカゴ大学のトーマス・チェンバーレインという地質学者が、研究する際にはつねに2つ以上の仮説を立てるべきであるという「複数仮説の手法」を熱心に提唱していた頃でもありました。1つの仮説だけを立証しようとするとその仮説に都合のよいデータだけを集めてしまうかもしれないが、仮説を複数持っていると、思い込みや固定観念にとらわれることなく、より健全な研究活動ができるというわけです。

　さて、このようなアメリカの事情を踏まえたうえで、『大陸と海洋の起源』（第3版）の第1章に出てくる次の文章を読んでみましょう。

「大陸が移動するかもしれないと思ったのは1910年のことで、世界地図を見ていて、大西洋を挟んだ両側の大陸の形があまりにも似ていることに驚嘆したのだが、そのときはありそうもないと思ってそれっきりだった。1911年の秋に、たまたま読んだ資料を通じて、ブラジルとアフリカをつないでいた陸橋についての古生物学的証拠についてはじめて知った。これをきっかけに、わたしは大陸移動説の可能性を確かめるために、大急ぎで地質学と古生物学の文献を調べ、その結果自分の推測を支持する重要な証拠を得ることができ、自分の考えが根本的に正しいということを確信するにいたったのである。」（下線は筆者）

　どうでしょう？　ド素人が、自分のひょんな思いつきを正当化するために、自説に都合のよい証拠だけを適当に集めて自己満足している、まるで疑似科学者が書いたような文章に見えませんか？　少なくとも当時のアメ

リカの研究者の目にはそのように映り、そのためにおおいなる反感を買ったのでした。本の冒頭でこのような文章が出てくるので、その後の章でウェゲナーがいくら膨大な文献を引用しながら自説の正しさをありとあらゆる方法で説明していても、都合の悪いことは全部隠しているのではないかと疑われてしまったわけです。いつの時代にも「プレゼンテーションは大切」ということでしょうか。

## 主流にならなかった理由その3——早すぎた死

　ウェゲナーの大陸移動説が主流にならなかった第三の理由は、彼が早死にしてしまったことです。『大陸と海洋の起源』の第4版を出版した翌年の1930年、彼はグリーンランドへ探検に出かけて、帰らぬ人となってしまいました。まだ50歳でした。

　移動説に好意的だった人もいましたが、彼らがその後の学界の流れに影響をおよぼすことはありませんでした。アレキサンダー・デュ＝トワという南アフリカの地質学者は、大陸移動説の正しさを示す非常に重要な地質図を作成したのですが、その時代はヨーロッパやアメリカ以外の学者の意見が重要視されることはありませんでした。もちろんヨーロッパに移動説支持者がまったくいなかったわけではなく、たとえば、イギリスのアーサー・ホームズ（エジンバラ大学教授）という地質学者は熱心な支持者で、しかも彼は『一般地質学』という教科書を書くほどの人物でした。しかし、同じイギリスには、大陸移動説をまったく相手にしなかった高名な地球物理学者ハロルド・ジェフリーズ（ケンブリッジ大学教授）がいて、彼の意見にはホームズよりもはるかに大きな影響力があったのです。結局、ホームズの移動説を支持する意見は亜流と見なされてしまいました。アメリカでは唯一、ハーバード大学のレジナルド・デイリーという地質学者が大陸移動説は検討の価値ありと考えて熱心に研究していました。しかし、彼の引退後、その地位を引き継いだ地球物理学者フランシス・バーチはジェフリーズの信奉者だったので、アメリカでの支持もとだえることになりました。その頃のアメリカでは永久不変説に代わって陸橋説が支配的でした（**図2.9**）。

　大陸移動説が支持されなかった主な理由として、ウェゲナーが「なぜ大陸が移動しなくてはいけないのか」という原動力を定量的に説明すること

**図 2.9** イェール大学図書館蔵の『大陸と海洋の起源』(第 2 版) の見返しの写真 (Courtesy of the Yale University Library)。大陸移動説を拒絶して陸橋説に生涯しがみついた学者たちの筆頭にイェール大学の古生物学者チャールズ・シューカート (Charles Schuchert, 1858-1942) がいるが、彼の蔵書のサインが見られる。移動説を否定する証拠が見つかったとする 1935 年の新聞の切り抜きが貼ってあるところがおもしろい。

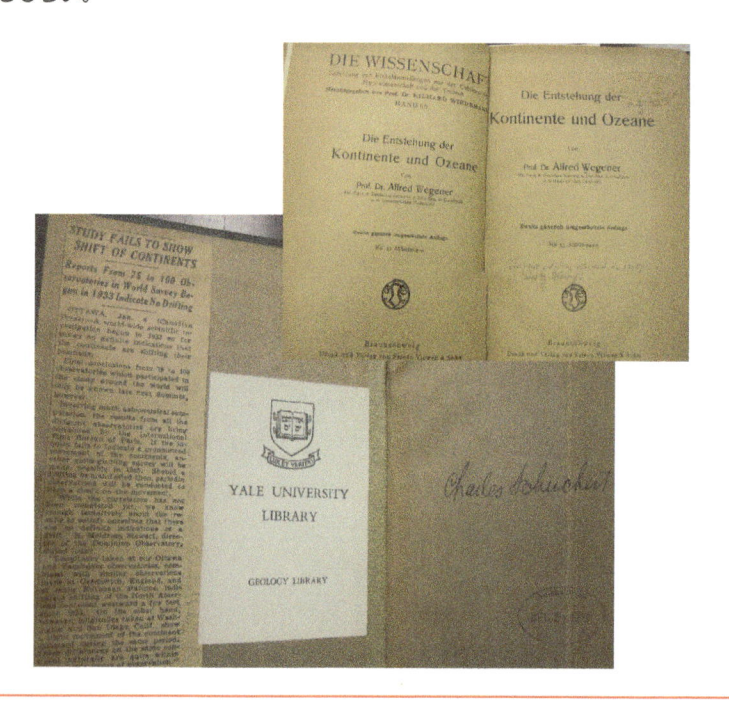

ができなかったことが、よく取り上げられます。しかし、ウェゲナー自身が説明していなくても、マントル対流によって大陸が移動しているという可能性はホームズが明確に指摘しています。実際、ホームズのマントル対流説はプレートテクトニクスに非常に近いものでした。移動説が拒絶されたのは、上に述べたようにあまり科学的とはいえない理由によるものです。陸橋説だって、その原動力にまったく根拠がないのですから…。

　もっとも、いちばんの問題は、大陸移動説をより直接的に確かめる手段が当時なかったことでした。「不動の大地」という固定観念を覆すために必要なさまざまな科学的観測が可能になったのは、20 世紀後半に入ってからでした。プレートテクトニクス理論の到来は近代科学の発達史と密接に関

連しています。ウェゲナーの説に好意的だった、デュ＝トワ、ホームズ、デイリーの3人はみな地質学者でした。地質学は経験則がものをいう、わりといい加減な学問と見なされていて（今でもそのきらいはありますが）、懐疑的な人々の支持を得るには、より定量的な地球物理学的な証拠が必要だったのです。

# 2.3 プレートテクトニクス理論の登場

　大陸が移動するのはその下にあるマントルが動いているからですが、大陸移動を実証する際に大切な役割を果たしたのは、そのマントルのさらに下にある外核によってつくりだされている**地球磁場（geomagnetic field）**でした。**第1章**で触れたように、外核は鉄を主成分とする高温の液体金属からなるのですが、マントルによって冷やされることにより、外核内で対流が生じています。そして地球磁場は、この電気を通す液体金属が流体運動することによってつくりだされています（**図2.10**）。

　流体運動によって磁場がつくりだされる現象を研究する分野を電磁流体力学と呼びますが、このきわめて難解な分野が地球磁場の成因のために研究されだしたのは、1950年代に入ってからのことです。また、時期を同じくして、大昔の地球磁場を「記憶」している岩石についての学問、**古地磁気学（paleomagnetism）**も大きく進展しました。「もしかすると大陸移動説は本当かもしれない」と人々が考えを新たにしたのは、この古地磁気学の研究が発端だったのです。

## 古地磁気学の誕生

　たいていの金属は磁石にくっつきますが、これは磁石がつくる磁場によって、一時的に磁化されるためです。この外部磁場によって磁化される性質を常磁性と呼びます。一方で、永久磁石などが持つ、外部磁場がなくても磁化されている性質を強磁性といいます。鉄やニッケルなどが強磁性を持ちうることが知られています。強磁性はある温度以上になると失われることが1895年にピエール・キュリーによって発見され、彼にちなんでこの臨界温度のことを**キュリー点（Curie point）**と呼びます。

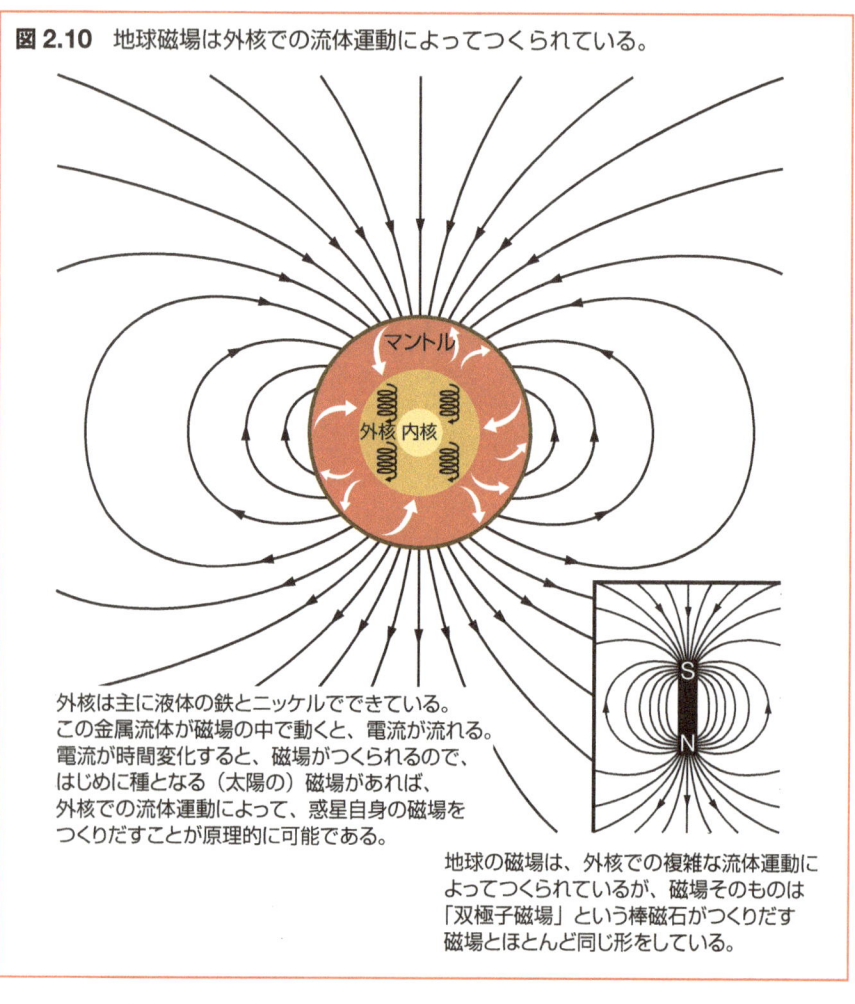

**図 2.10** 地球磁場は外核での流体運動によってつくられている。

外核は主に液体の鉄とニッケルでできている。
この金属流体が磁場の中で動くと、電流が流れる。
電流が時間変化すると、磁場がつくられるので、
はじめに種となる（太陽の）磁場があれば、
外核での流体運動によって、惑星自身の磁場を
つくりだすことが原理的に可能である。

地球の磁場は、外核での複雑な流体運動に
よってつくられているが、磁場そのものは
「双極子磁場」という棒磁石がつくりだす
磁場とほとんど同じ形をしている。

　みなさんがよく目にする磁石はもちろん工場でつくられたものですが、自然界に存在する鉱物にも強磁性を示すものがあり、最も一般的なのが火成岩（火山活動によってできた岩石）に含まれる**磁鉄鉱（magnetite）**です。溶岩が地表に噴出して急速に冷やされると、非常に細かい磁鉄鉱の結晶がつくられ、キュリー点以下で地球磁場の方向に磁化されます。このような磁化を**熱残留磁化（thermoremanent magnetization）**といいます（**図 2.11**）。1950年代に入ると、フランスの物理学者ルイ・ネールによって、熱残留磁化が非常に安定したものであることが理論的に明らかに

**図 2.11** 熱残留磁化のしくみ。

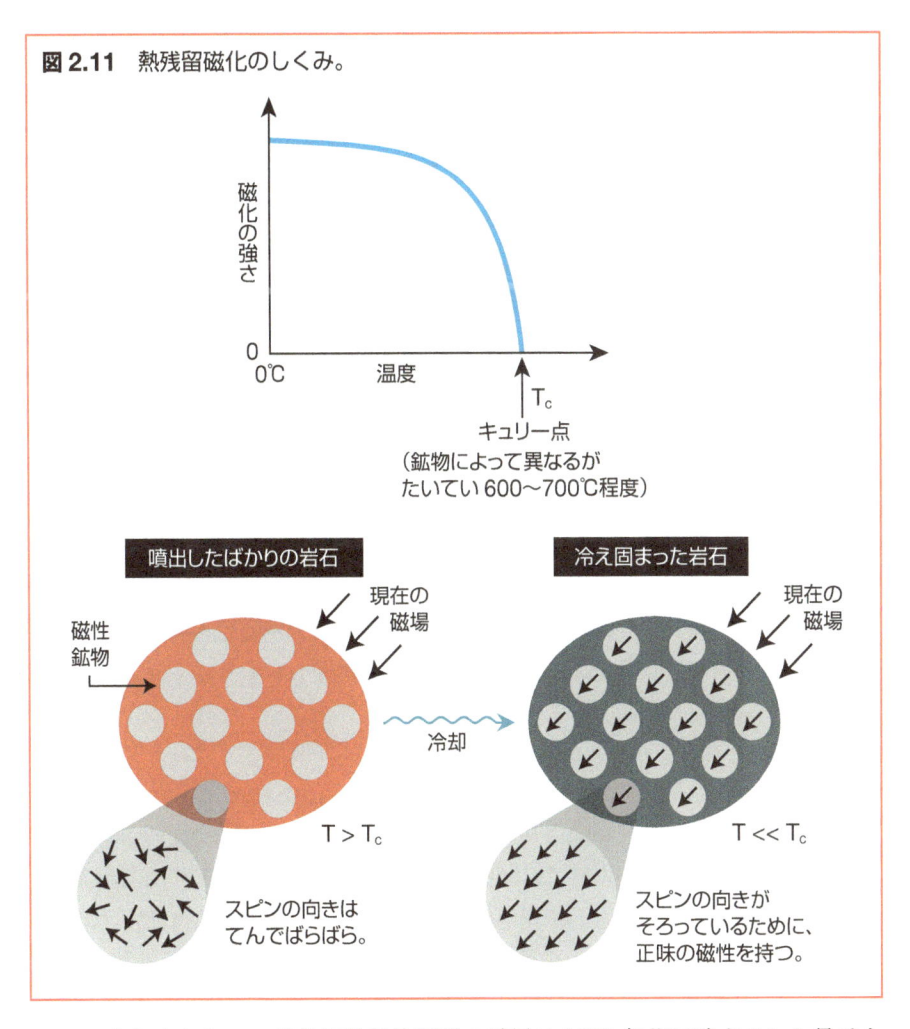

縦軸：磁化の強さ
横軸：温度

$T_c$ キュリー点
（鉱物によって異なるがたいてい 600〜700℃程度）

噴出したばかりの岩石
現在の磁場
磁性鉱物
$T > T_c$
スピンの向きはてんでばらばら。

冷え固まった岩石
現在の磁場
$T \ll T_c$
スピンの向きがそろっているために、正味の磁性を持つ。

されました。一般的に物性物理学の発展は 1920 年代に確立された量子力学に基づいているので、ウェゲナーが生きていた時代にはこのような物性の理解はありえませんでした。

　さて、ネールの理論によると、室温にまで冷やされた磁鉄鉱の磁化は半永久的に存続します。もちろん、磁鉄鉱を熱すると磁化は次第に不安定になって、しまいにはキュリー点で消滅するのですが、たいていの火成岩は一度固まった後に再度熱せられることはありません。すると 1 億年前に噴出してできた火成岩に含まれている磁鉄鉱は 1 億年前の地球磁場の状態を

そのまま記憶しているということになるわけです。つまり自然界に存在している磁鉄鉱はでたらめに磁化されているのではなく、各々がつくられたときの地球磁場を記録しているのです。また、火成岩などが侵食されてこなごなになり海底や湖底に堆積する際には、磁鉄鉱のような鉱物はそのときの磁場の方向にならうので、堆積岩の磁化からも堆積時の地球磁場の様子がわかります。

イギリスの地球物理学者キース・ランカーンのグループは、このような岩石磁気の知識に基づいて大昔の地球磁場の様子を復元しようと、世界中の岩石を精力的に調査しました。その結果、非常に奇妙なことに気づいたのです。

## 見かけの極移動

地球磁場は**図 2.10** に示すような双極子磁場の形をしているので、岩石がどの方向に磁化されているかによって、その岩石が磁極からどのくらい離れていたかということがわかります。岩石が極地方にあれば磁化の方向は垂直に近くなり、赤道付近にあれば地面と平行になるからです。このことを利用して、岩石の磁化と年代を系統的に調べることによって、磁極が（岩石が採集された大陸から見て）どのように移動してきたかを追跡できます。このような極の動きを「**見かけの極移動（apparent polar wander）**」と呼びます。「見かけの」と断りをつけるのは、磁極が動いたのか、大陸が動いたのか、これだけでは区別がつかないからです。大陸移動説が支持されていない時代でも、地球全体が自転軸に対して回転する可能性は議論されていました。磁極が移動しても、すべての大陸が同じように動いても、同じ「見かけの極移動」をつくりだすことができます。

しかし、ランカーンたちが発見したのは、異なる大陸から採集された岩石が異なる極移動を示すという事実でした（**図 2.12**）。ヨーロッパの岩石が示す極移動が北アメリカの岩石の示す極移動と一致しないというのはどういうことでしょうか？ この観測事実は、これらの大陸どうしが過去に相対運動をしたと考えないと説明できません。そしてこの極移動の相違は大陸移動説を採用するとみごとに説明できることもわかりました。地形の一致や化石や地層の一致とは異なる、岩石磁気という物性物理に基づいたまったく新しい地球物理学的なデータの登場によって、一度は葬り去られ

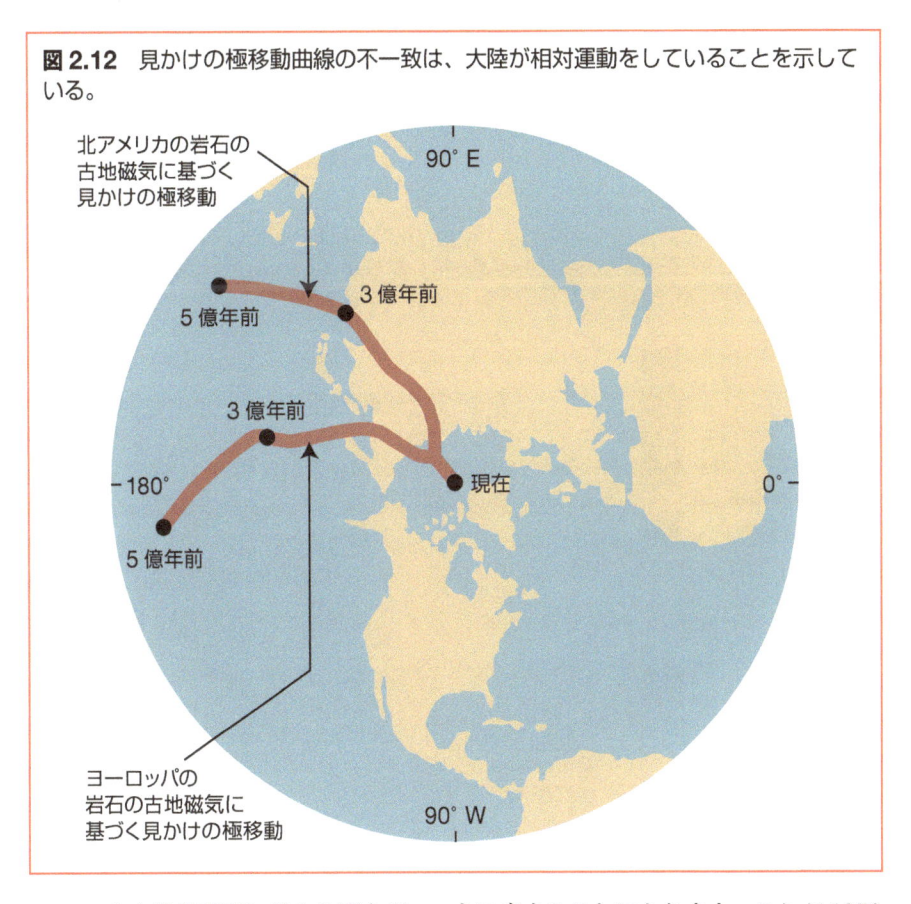

**図2.12** 見かけの極移動曲線の不一致は、大陸が相対運動をしていることを示している。

北アメリカの岩石の古地磁気に基づく見かけの極移動

ヨーロッパの岩石の古地磁気に基づく見かけの極移動

た大陸移動説に対する関心がいっきに高まることになります。これが1950年代後半の出来事でした。

## 地球磁場の反転

　この古地磁気学の発見以降は、まるでジグソーパズルがどんどん完成していくかのようでした。新しい種類のデータが次から次へと出てきて、そのどれもが大陸移動説を支持していたのです。支持していたばかりでなく、大陸の移動は海底の生成と消滅によって実現されているという、大陸移動説をさらに進めた理論をつくりあげることにもなりました。この新しい理論がプレートテクトニクスです。

　上で述べた極移動の発見以外にも、古地磁気学は大活躍します。まず、

地球磁場の極性がときどき反転するということが明らかになりました。反転するかもしれないという可能性は20世紀初頭あたりから示唆されていましたが、確かに反転しているという観測事実が出てきたのは1960年代になってからでした。アメリカのアラン・コックスたちの精力的な調査に

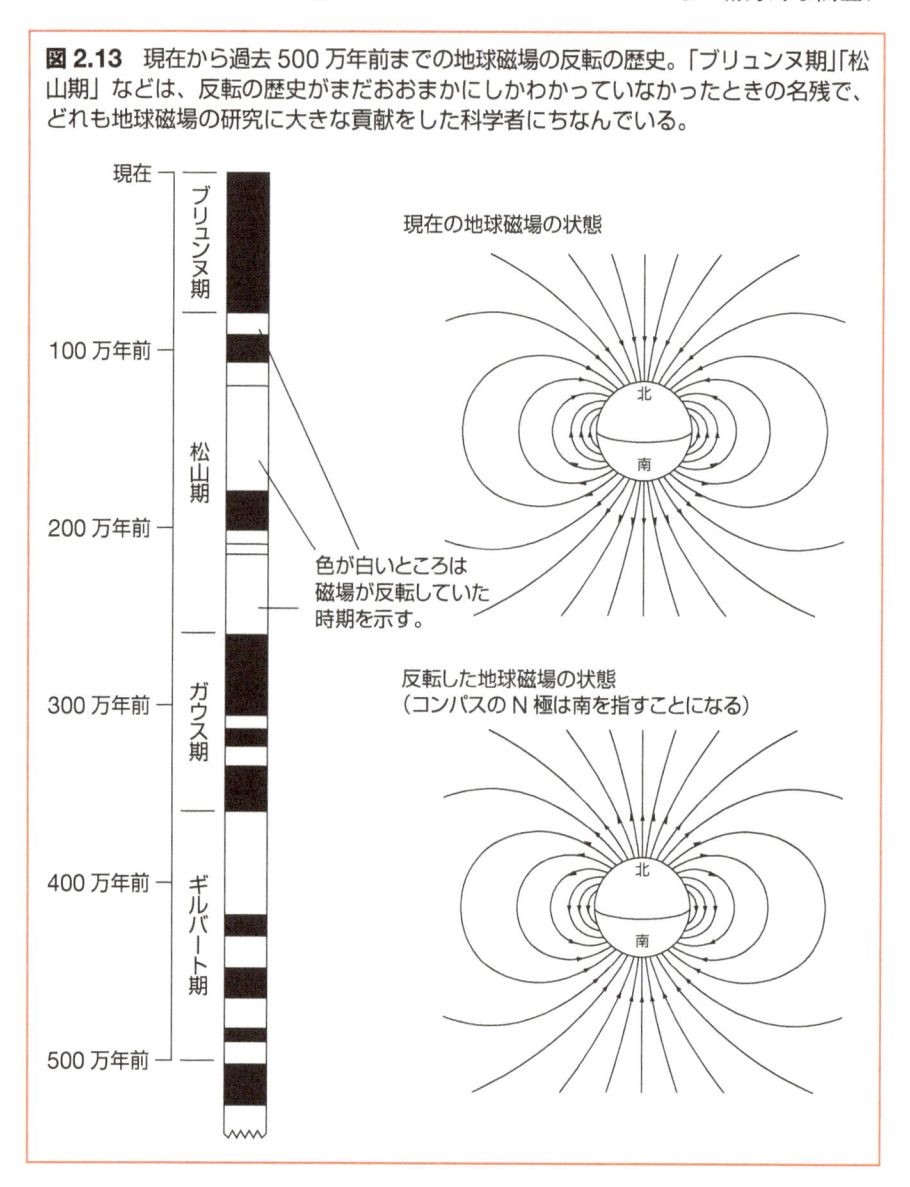

図 2.13　現在から過去500万年前までの地球磁場の反転の歴史。「ブリュンヌ期」「松山期」などは、反転の歴史がまだおおまかにしかわかっていなかったときの名残で、どれも地球磁場の研究に大きな貢献をした科学者にちなんでいる。

色が白いところは磁場が反転していた時期を示す。

現在の地球磁場の状態

反転した地球磁場の状態
（コンパスのN極は南を指すことになる）

より、世界中どこへいっても、ある時期にできた岩石は現在とは逆の方向に磁化されていることが示されたのです。この発見には岩石磁気の理解だけではなく、同位体を利用して岩石の年代を非常に正確に測ることも必要でした。それを可能にする高精度の質量分析計が登場したのが1960年代だったというわけです。また、地球磁場は規則的に反転しているのではなく、数万年から数百万年に一度くらいの頻度で非常に不規則に逆転することもわかりました（**図 2.13**）。

## 海洋底拡大説

さて、この地球磁場の逆転はたいへんおもしろい現象ですが、これだけでは大陸移動説とは何の関係もありません。しかし、地球磁場逆転の歴史の解読が、大陸移動説をよりいっそう確かなものとする「**海洋底拡大 (seafloor spreading)**」という新しい視点につながりました。重要なのは、コックスたちが世界中の岩石の磁化と年代を丹念に計測してつくりあげた磁場極性タイムスケールが、そっくりそのまま海の上の磁場に反映されているという事実です。このことが判明したのも、やはり1960年代のことでした。

地球磁場は双極子磁場の形をしていると書きましたが、おおざっぱにいうとそういう形をしているということであって、細かく見ると双極子磁場からけっこうずれています。そのずれのことを**地磁気異常（geomagnetic anomaly）**と呼びますが、磁場極性タイムスケールが反映されていたのは海の上で測られた地磁気異常でした。

1963年に発表された論文の中で、イギリスのフレッド・ヴァインとドラムンド・マシューズは、海上での地磁気異常が中央海嶺を軸とする対照的な形をしていることを示し、これは中央海嶺で次々に新しい海底がつくられて横に広がっているせいではないかと示唆しました。溶岩が冷えて新しい海底がつくられるときに、海底の岩石は熱残留磁化によって、そのときの地球磁場の方向に磁化されます。新しい海底が少しずつ中央海嶺から湧き出ているとすると、海底の岩石の磁化の方向は地球磁場の逆転の歴史を忠実に反映し、岩石磁気による地磁気異常は中央海嶺を軸に左右対称の形をするというわけです（**図 2.14**）。中央海嶺を軸とした海底の拡大は、大陸移動説の支持者であったホームズのマントル対流説の中ですでに示唆さ

**図 2.14** 中央海嶺と地磁気異常の例。アイスランドから南に伸びる中央海嶺はレイキャネス海嶺（Reykjanes Ridge）と呼ばれるが、この海嶺を軸として左右対称の地磁気異常が広がっているのが見て取れる。地球磁場は数万 nT（ナノテスラ）程度の強さで、地磁気異常は数百 nT の振れ幅を持つ。地形は Smith and Sandwell [1997]、地磁気異常は Maus et al. [2009] に基づく。

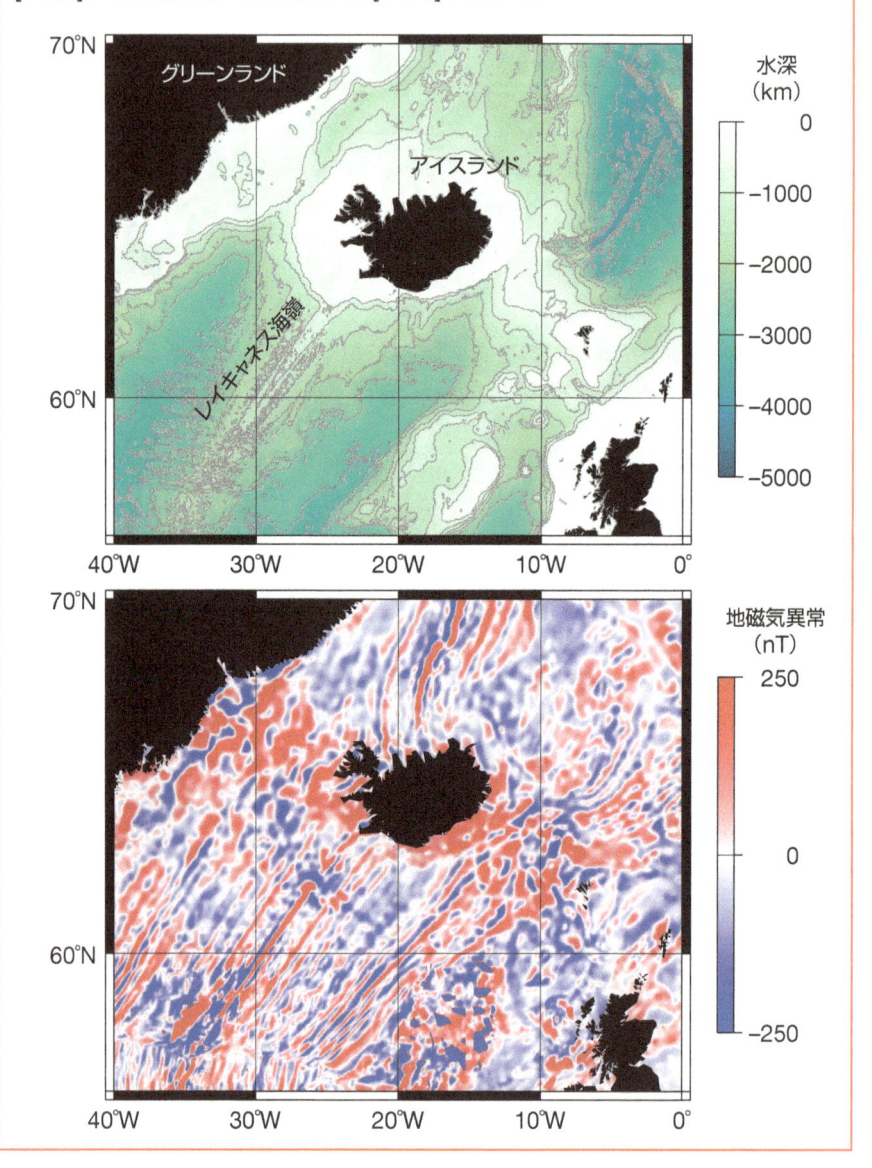

れていましたが、1960年代初頭にプリンストン大学の地質学者ハリー・ヘスが同様のアイデアを「**海洋底拡大説（seafloor spreading theory）**」と焼き直して発表した直後にヴァイン＝マシューズ論文が出たので、たいへんタイムリーな発見となりました。

この海洋底拡大説の画期的な点は、海底を破壊せずに大陸が移動できるということです。アフリカと南アメリカの海岸線がいくら似ているといっても、はたして硬い海底の岩石を押しのけながら大陸が動けるだろうか？　大陸は海に浮かんでいるのではなく、その下の海底につながっているのだから、大陸移動は物理的に不可能ではないだろうか？　こう考える人は多くいました。しかし、アフリカと南アメリカが離れていくときにその間に新しい海底がつくられるとすると、その困難も取り除かれます。ヴァイン＝マシューズ論文の後は、世界中の海底の地磁気異常が精力的に調査され、また深海掘削で直接海底岩石の試料を採集したりして、海底がいつどのように形成されてきたかの歴史が克明にわかるようになりました。

## 海底が消滅する場所

しかし、地球の表面積は一定ですから、あるところで新しい海底がつくりだされているとすると、別のところで古い海底が消滅していなくてはいけません。昔から「**海溝（trench）**」と呼ばれていた、水深が局所的に深くなっている場所で海底が消滅していることもわかりました。海溝は古い海底が地球内部に戻っている場所で、「沈み込み帯」とも呼ばれます。

**図2.15**は世界のどこで地震が起こっているかを示したものですが、ほとんどの地震が新しい海底が生まれる中央海嶺と、古い海底が沈み込む海溝で起こっています。また、海溝での震源分布を詳しく見ると、海底が斜めに沈み込んでいる様子が見て取れます。じつはこのような震源分布は1928年に日本の地震学者である和達清夫がすでに発見していました。しかし、この発見の持つ意味が明らかになったのは海洋底拡大と沈み込み帯の概念が融合してプレートテクトニクス理論となった1960年代のことでした。沈み込み帯におけるこのような震源分布は、今では「**和達－ベニオフ帯（Wadati-Benioff zone）**」と呼ばれています（ベニオフは和達と類似の仕事をしたアメリカの地球物理学者の名前です）。

大陸移動説はウェゲナーの孤軍奮闘という感が強いですが、プレートテ

**図 2.15** 震源分布と和達−ベニオフ帯。色は震源の深さ、実線はプレート境界を示す。中央海嶺では震源の浅い地震しか起こらないが、海溝付近で起こる地震は震源が浅いものから深いものまである。

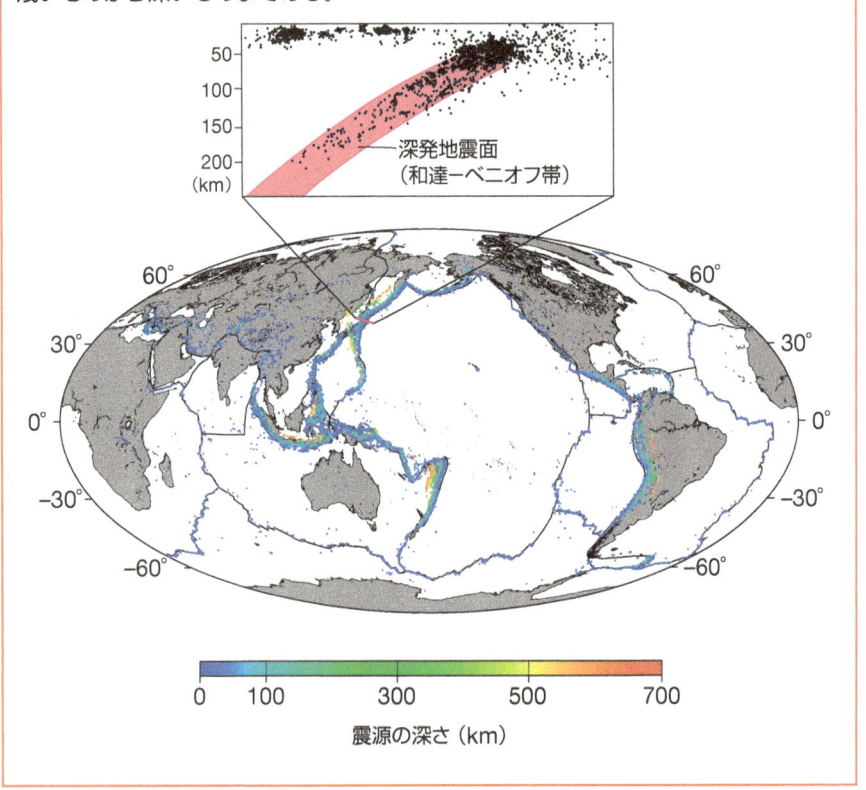

クトニクス理論は 1960 年代から 1970 年代にかけて、数多くの地球物理学者の手によってつくられた「概念」です。理論といっても、物理法則のように何か基礎方程式があるというような代物ではなく、「地球の表面は十数枚のプレートに分かれて動いていて、プレートの運動が地球のさまざまな活動を説明しうる」という考えかたのことです。

## 原動力の説明

さて、プレートテクトニクスが物理的に筋の通った理論であるためには、なぜプレートが動くのか、という原動力を説明できなくてはいけませんが、これも物性物理の発展によって解決されました。

原動力に関してはホームズがマントル対流の可能性を指摘していましたが、「対流」という現象は液体や気体のような「流体」の中で起こるもので、岩石のような固体では起こらないと思われていました。アイソスタシーという概念は、非常に長い時間スケールで考えると地球内部は流体のように振る舞うという仮定に基づいていますが、地震波の観測から、地殻の下にあるマントルはほとんど固体であるということがわかっていたので、物理学者から見るとかなりうさんくさい概念だったのです。しかし、1950年代には、固体でも流体のように変形できるということが物性物理の研究から明らかになっていました。この物性物理の見識を地球内部の岩石に応用して、マントル対流は十分可能であるということを最初に示唆したのはイェール大学の地球物理学者ロバート・ゴードンで、1965年のことでした。

## じつはまだわからないことだらけ

　このように、プレートテクトニクスの発見に時間がかかったのは、必要な物性物理の知識がそろったのが1950年代のことで、また地球規模での観測は多大な努力を必要としたからでした。特に、大陸移動説からプレートテクトニクスへの橋渡しをした海洋底拡大の概念は海上観測に基づくものでしたが、海の上でのデータ収集は非常に時間がかかるものなのです（観測船の航行速度は速くてもせいぜい時速20 km）。しかし、上でも触れましたが、プレートテクトニクスというのは、地球がどのように活動しているか、というかなりおおざっぱな考えかたにすぎません。もちろんそういう基本的なことがわかったことはすばらしいのですが、それ以外の根本的なことについてはまだわからないことが多いのです。

　たとえば、なぜ地球ではプレートテクトニクスが起こるのか、ということが今でもわかっていません。マントル対流が起こりうるということは物性物理からいえますが、プレートテクトニクスはかなり特殊な種類のマントル対流に相当し、必ず起こるようなものではないのです。また、現在どのようなプレート運動が起こっているかは1970年代以降の研究のおかげでかなり詳しくわかっていますが、過去の地球におけるプレートテクトニクスの様子についてはよくわかりません。そもそも地球史のいつの時期から地球上にプレートテクトニクスが出現したのか、ということもわかっていないのです。

このような根本的な疑問に答えようとすることは、地球全体の進化を理解しようとすることと同じことであり、たいへん難しいことではありますが、同時にとても魅力的な挑戦でもあります。この本の後半ではこのような根本的な問題について、どのようなことがわかってきているかを解説しますが、その前にもう少し定量的にプレートテクトニクスという現象について次章で説明することにしましょう。

An Illustrated Guide to Plate Tectonics

# 第3章

# プレートテクトニクスは
# どのような現象か

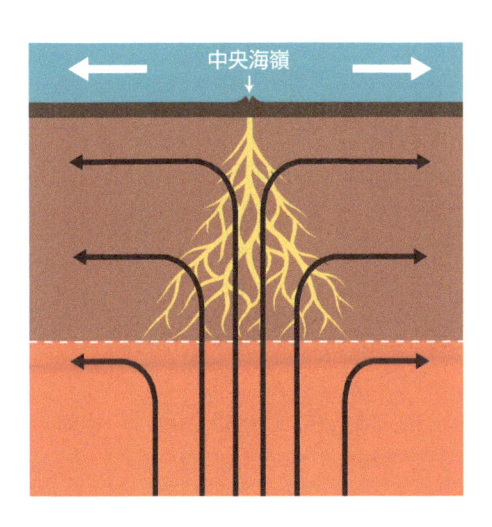

中央海嶺

プレートテクトニクスはマントル対流の一種であり、地球内部から宇宙空間にどのように熱を放出しているか、ということにほかなりません。この章では、熱の伝わりかたという簡単なところからはじめて、対流の物理をできるだけ定量的につかめるように説明します。現象論からはじめるのではなく、対流の物理からはじめたほうが、プレートテクトニクスという現象をすっきり理解できるはずです。後の章で説明しますが、プレートテクトニクスはかなり特殊なタイプのマントル対流なので、いろいろ複雑なことが起こります。このような複雑なシステムが相手の場合は、まずできるだけ簡単にして理解を深め、その後で、少しずつ複雑にしていくというアプローチが有効です。対流の物理の基礎を使って、プレートテクトニクスにどれだけ迫れるかを見ることにしましょう。

## 3.1 プレートテクトニクスの原動力

　地球の表面は十数枚のプレートに分かれていて、これらのプレートの相互作用によってさまざまな地質活動が起こるということは**第1章**で触れましたが、そもそもなぜプレートは動いているのでしょうか？　プレートテクトニクスについて説明している教科書はたくさんありますが、プレートがどのように動くかという現象論的なことはこと細かに書かれている一方、なぜ動くのか、すなわちプレートテクトニクスの原動力について正しく説明しているものはあまりないようです。原動力を説明するには「**マントル対流**」という物理を理解している必要がありますが、じつは固体地球科学を専門にしている研究者でもこの物理を正しく理解している人はあまりいないのです。しかし、マントル対流の基礎を理解するのはそれほど大変なことではありません。ここでは、身のまわりで熱がどのように伝わっているかを考えることによって、対流について学ぶことにしましょう。

### 伝熱の基礎——熱伝導・輻射・移流

　熱の伝わりかたには**熱伝導**（conduction）、**輻射**（radiation）、**移流**（advection）と3種類あります。冷たいものの隣に熱いものを置くと、熱いほうから冷たいほうに原子の振動を通して熱が移動しますが、この現

象を熱伝導と呼びます。寒い日に使い捨てカイロを持って手を温めたりするのは、熱伝導を利用しているわけです（図 3.1）。

　熱伝導は熱源と物理的に接触している必要がありますが、輻射は離れていても起こる現象で、太陽から地球への熱の供給はこの輻射のメカニズムを介しています。この場合は、熱源からエネルギーが電磁波（光も電磁波の一種）として放出されて、それを受け取ることによって熱の移動が起こるわけです。たき火やキャンプファイヤーのまわりで暖まることができるのも輻射のおかげです。キャンプファイヤーのまわりの空気も伝導で暖まるのですが、暖まった空気は軽いため上空に逃げてしまい、つねに冷たい空気が流れ込んできます。もし熱伝導しか存在しなかったら、キャンプファイヤーのまわりにいても体を暖めることはできません。

　移流は、熱いものをよそから運んでくることによって冷たいところを温める現象です。冷たいものを持ってきて熱いものを冷ますのも同じことです。熱すぎる風呂に水を入れてちょうどいい温度にするのは、移流を実践していることになるわけです。

　地球内部では熱伝導、輻射、移流のすべての現象が起こりえますが、輻射はほかの2つにくらべるとそれほど重要ではないと考えられています。物質がわりと透明でないと、輻射は効率的でないためです。先ほどのキャンプファイヤーの例に戻ると、空気は透明だから輻射のエネルギーを伝えることができ、人間の体は透明でないのでそのエネルギーを受け止めることができる（＝暖まることができる）、ということになります。

**図 3.1**　寒い日の温まりかた。①熱伝導、②輻射、そして③移流。

## 対流と境界層

　伝導と移流が組み合わさった現象を**対流（convection）**といいます。対流の例として、鍋に水を入れてコンロで温めるときに、熱がどう伝わるかを考えてみましょう（**図 3.2**）。まずコンロの火によって鍋の底が熱くなり、そのすぐ上にある水が熱伝導により温められます。温められた水は冷たい水にくらべると軽いため上昇し（これは移流です）、表面にたどり着くと冷たい空気によって冷やされて（熱伝導）、重くなるために下がる（移流）、ということを延々と繰り返すわけですが、熱伝導と移流が交互に出てくるのがおわかりでしょう。

　対流が起こるには、密度が温度によって変化することも大切ですが、熱が移動する方向が重力とは反対になっていることも大切です。鍋を下から温めることによって、重力的に不安定な状態を水の中につくりだすことができるのです。また、温められるものが十分に流動的であることも不可欠な条件です。物質の流動性は**粘性率（viscosity）**で定量的に表されますが、粘性率が高いほど動きにくくなります。粘性率が高すぎると対流は起こらず、熱伝導だけで熱が伝わることになります。

　さて、対流はこのように熱伝導と移流を繰り返す現象ですが、熱伝導の部分をよく理解することが鍵です。底で熱せられるときも表面で冷やされるときも、熱はまず熱伝導で伝わります。底や表面のことをまとめて「境界」と呼びますが、熱伝導によってじわじわと熱が伝わっている境界付近の部分を「**（熱）境界層（thermal boundary layer）**」と呼びます。この境界層が十分に分厚くなると、力学的に不安定になって、境界層が境界から離れてしまいます。底にある熱い境界層は上昇をはじめ、表面にある冷たい境界層は沈みはじめるのです。これが移流です。つまり熱伝導によって境界層が成長し、境界層が不安定になって勝手に動きはじめることによって、移流が起こるわけです。

　境界層がいつ不安定になるかは、熱せられている物質の粘性率などに依存します。粘性率が低いほど速く不安定になるため、境界層はまだ薄いうちにはがれ、その結果、移流がより頻繁に起こることになります。流動性が高い物質が活発に対流するのは、このような境界層の不安定性のためなのです。

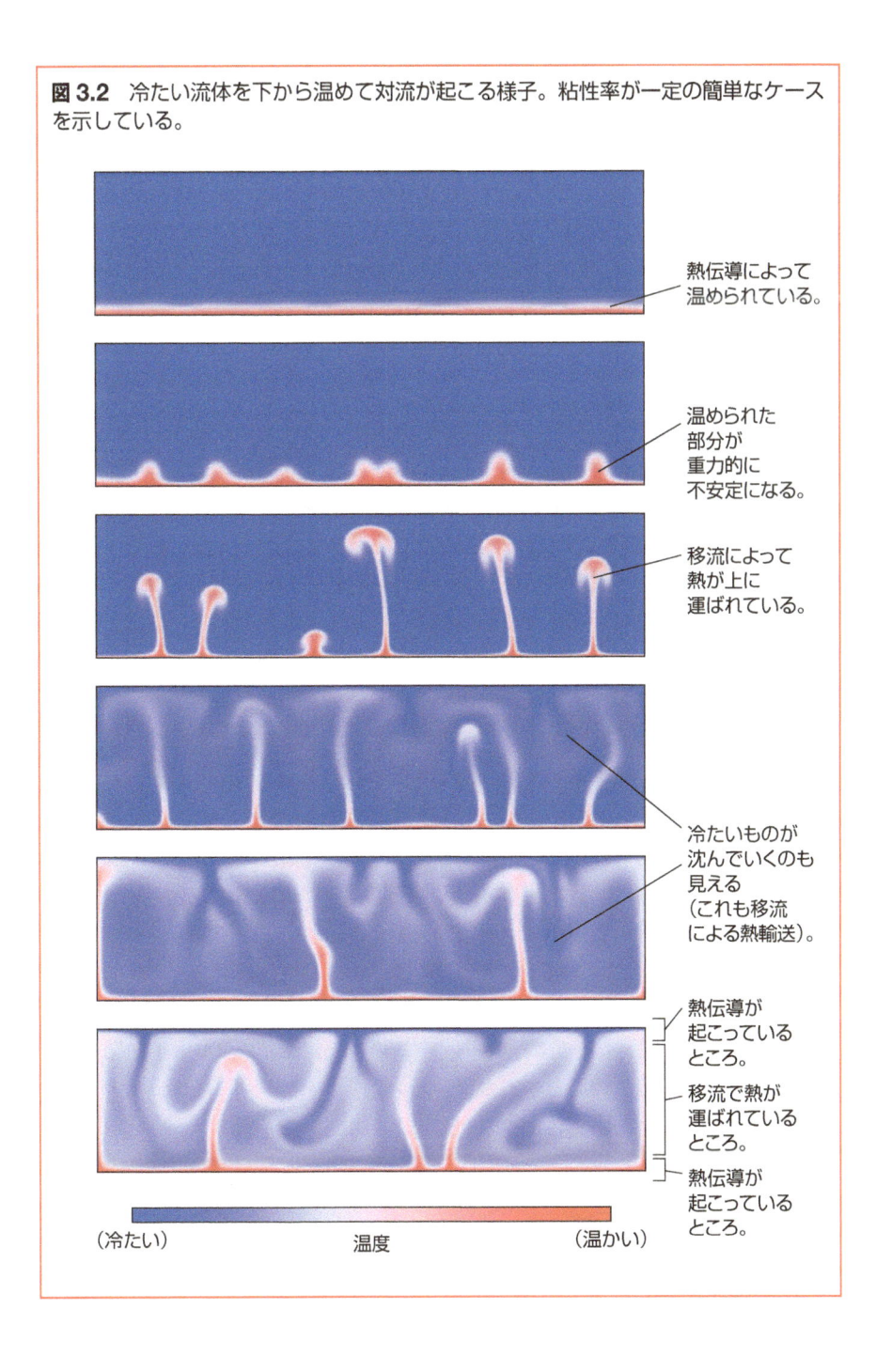

**図3.2** 冷たい流体を下から温めて対流が起こる様子。粘性率が一定の簡単なケースを示している。

熱伝導によって温められている。

温められた部分が重力的に不安定になる。

移流によって熱が上に運ばれている。

冷たいものが沈んでいくのも見える（これも移流による熱輸送）。

熱伝導が起こっているところ。

移流で熱が運ばれているところ。

熱伝導が起こっているところ。

（冷たい）　温度　（温かい）

3.1　プレートテクトニクスの原動力　45

## マントル対流

　マントルの中でもこのような対流が起こっているのですが、鍋の中の対流とはいろいろな点で違います。いちばんの違いは、鍋のように下から温められることで対流が起こっているのではなく、マントルは主に上から冷やされることによって対流が起こっているという点です。マントルの下には熱い中心核があるので、マントルは下からも少し温められていますが、それよりも上からの冷却のほうがはるかに重要なのです。「対流」と聞くと、下から熱するなど、何かしらの熱源が必要不可欠と思う人が多いのですが、たんに冷えるだけでも対流は起こり、実際プレートテクトニクスはそういう現象なのです（**図3.3**）。

　また、上から冷やし続けていると、マントルはどんどん冷たくなっていきますが、マントルの中にはウランやトリウムといった放射壊変の際に熱を発生する元素が含まれていて、これらの放射性元素が地球の冷却を遅らせる働きをしています。この表面からの冷却と地球内部での熱源とのバランスがどのように時間変化していくかは、地球の進化を考えるうえで非常に大切なことです。これについては**第4章**で詳しく説明します。

　いずれにせよ、プレートテクトニクスにおけるプレートとは、マントルが地球表面で冷やされてできた境界層のことで、この境界層が重力的に不安定になり沈み込むことで、マントル対流が起こっているのです。境界層の物理を理解すると、プレートテクトニクスに関するさまざまな観測事実をマントル対流でみごとに説明できることがわかります。というわけで、次節では境界層の物理についてもう少し定量的に考えてみましょう。

　ちなみに昔の教科書や論文には、プレートテクトニクスとマントル対流を別個のものとして取り扱っているものがあります。プレートの下でマントル対流なるものが起こっていて、その対流によってプレートが動かされているというものの見かたですが、プレートテクトニクスはマントル対流の一部であると考えるほうが自然です。

**図 3.3** 上から冷やして対流を起こした例。温かいものが上から冷やされるだけでも対流が起こりうることを示すため、ここでは、内部熱源も、下からの加熱も与えていない。

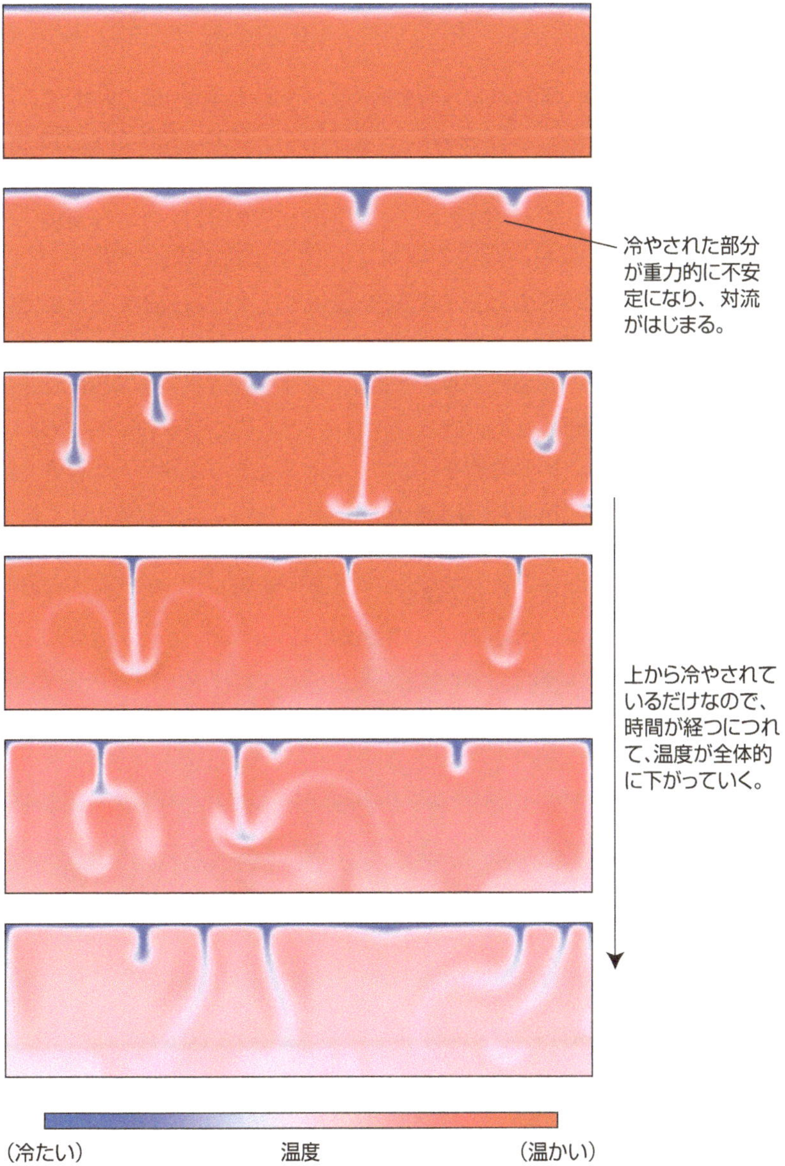

冷やされた部分が重力的に不安定になり、対流がはじまる。

上から冷やされているだけなので、時間が経つにつれて、温度が全体的に下がっていく。

（冷たい）　温度　（温かい）

# 3.2 マントル対流理論の基礎の基礎

## 熱伝導のスケール

　冷たいものの隣に熱いものを置くと、熱いものから冷たいものに向かって熱が伝わります。この熱の伝わりかたは**フーリエの法則**（Fourier's law）と呼ばれ、熱の伝わりやすさは**熱伝導率**（thermal conductivity）という物性で表されます（**図 3.4**）。岩石の熱伝導率はだいたい数 W/m・K で、金属はそれの約 10 倍程度で、水は 10 分の 1 程度です。

　さて、ここで日常における熱伝導の例として、冷蔵庫で保存していたものを取り出して室温に戻すときにどのくらいの時間がかかるかを考えてみましょう。ケーキをつくるときに使うバターやステーキ用の肉など、調理の前に室温に戻すものはけっこうあります。話を簡単にするために、これらはすべて水と同じ物性を持っていると考えましょう（悪い近似ではありません）。水の熱伝導率は 0.6 W/m・K ですが、この数値だけでは計算ができません。あるものがどのくらい速く熱的平衡に達するかを考えるには、さらに比熱と密度を知る必要があります（**図 3.5**）。熱伝導率、比熱、密度を組み合わせて、「**熱拡散率**（thermal diffusivity）」という量が定義できて、水の場合は約 $10^{-7}$ m$^2$/s です。考えているものの大きさを 2 乗して、この熱拡散率で割ってやると、熱平衡に達する（室温に戻る）までの時間が得られます（**図 3.5**）。たとえば大きさが 3 cm のものだと、$3\times10^{-2}$ m を 2 乗して、$10^{-7}$ m$^2$/s で割ると 9000 秒、つまり 2 時間半という時間が出てきます。冷蔵庫から取り出したものの温度を室温に戻すにはたいてい数時間かかりますが、熱伝導の物理を使うと、このように定量的に考えることができます。

　このように熱伝導という現象は、熱拡散率という物性を使うとさまざまな概算ができます。空間スケールを $L$、時間スケールを $\tau$、熱拡散率を $\kappa$ とすると、上で使ったように

$$\tau = L^2/\kappa$$

という関係にあり、空間スケールを求める形にすると

**図 3.4** フーリエの法則。

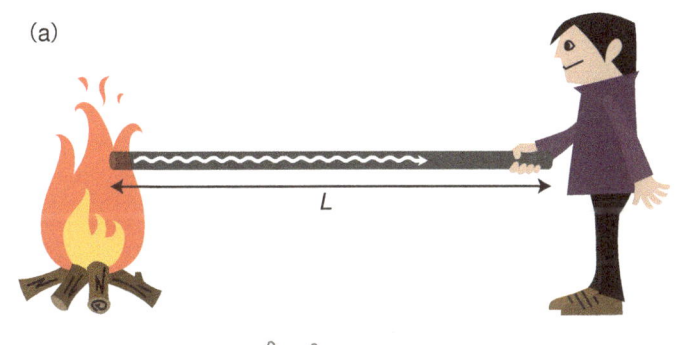

(a)

(b)

$$q = k\Delta T/L$$

熱流量（$q$）は、熱伝導率（$k$）と温度差（$\Delta T$）に比例し、距離（$L$）に反比例する。
たとえば、温度差と熱伝導率が同じ場合には、距離が短いほうが熱流量が高い。
つまり、速く熱が伝わることになる。

熱伝導率の値は物質によって異なる。
熱流量の単位は W/m$^2$、温度差の単位は K、距離の単位は m だから、
熱伝導率の単位は、W/m・K となる。

$$L = \sqrt{\kappa \tau}$$

という式になります。ある時間でどのくらいの範囲に熱が広がるかを知りたいときには、熱拡散率に時間をかけて平方根をとればよいというわけです。

岩石の熱拡散率は約 $10^{-6}$ m$^2$/s です。$10^{-6}$ という小さい数字なので、いまいちピンとこないかもしれませんが、そういうときは具体的に考えてみましょう。1時間の熱伝導で、熱は岩石中をどの程度広がるでしょうか？

**図 3.5** 熱伝導の時間スケールの求めかた。

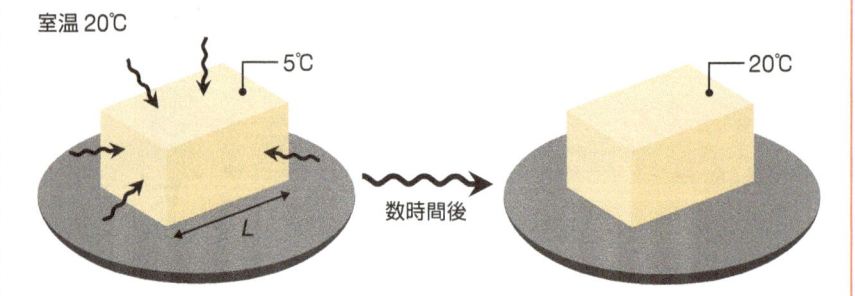

バターと室温との温度差を $\Delta T$ とすると、バターを室温に戻すために必要なエネルギーは
$$\rho C_p \Delta T L^3 \text{ (J)}$$
と見積もれる。$\rho$ は密度、$C_p$ は比熱、$L$ はバターの大きさの目安である。バターの体積は $L$ の 3 乗に比例する。
一方、バターに流れ込む総熱流量は、
$$qL^2 \text{ (W)}$$
と見積もれる。バターの表面積は $L$ の 2 乗に比例するからである。熱伝導による熱流量 $q$ は $k\Delta T/L$ で与えられるから、総熱流量は
$$k\Delta T L \text{ (W)}$$
と表されることになる。
室温に戻すために必要な時間は、必要なエネルギー（J）を総熱流量（W = J/s）で割ると出てくる。
$$\tau = \frac{\rho C_p \Delta T L^3}{k \Delta T L} = \frac{\rho C_p L^2}{k}$$
熱拡散率 $\kappa = k/(\rho C_p)$ を導入すると、
$$\tau = \frac{L^2}{\kappa}$$
とすっきりする。

1 時間は 3600 秒ですから、
$$\sqrt{10^{-6} \times 3600} = 0.06 \text{ m} = 6 \text{ cm}$$
となり、つまり 1 時間かけても数 cm 四方にしか熱が広がらないということです。同様の計算をすると、1 日で約 30 cm、1 年で約 6 m、100 年で約 60 m になります。ここで大切なのは、広がる距離を 10 倍にするには 100 倍の時間がかかるということです。地質学的な現象の時間的スケールは 100 万年（= 1 Ma）単位で測るものが多く、100 万年の間に熱は数 km 程度に広がりますが、これを数十 km にまで広げるためには 1 億年待たないといけないのです（**図 3.6**）。

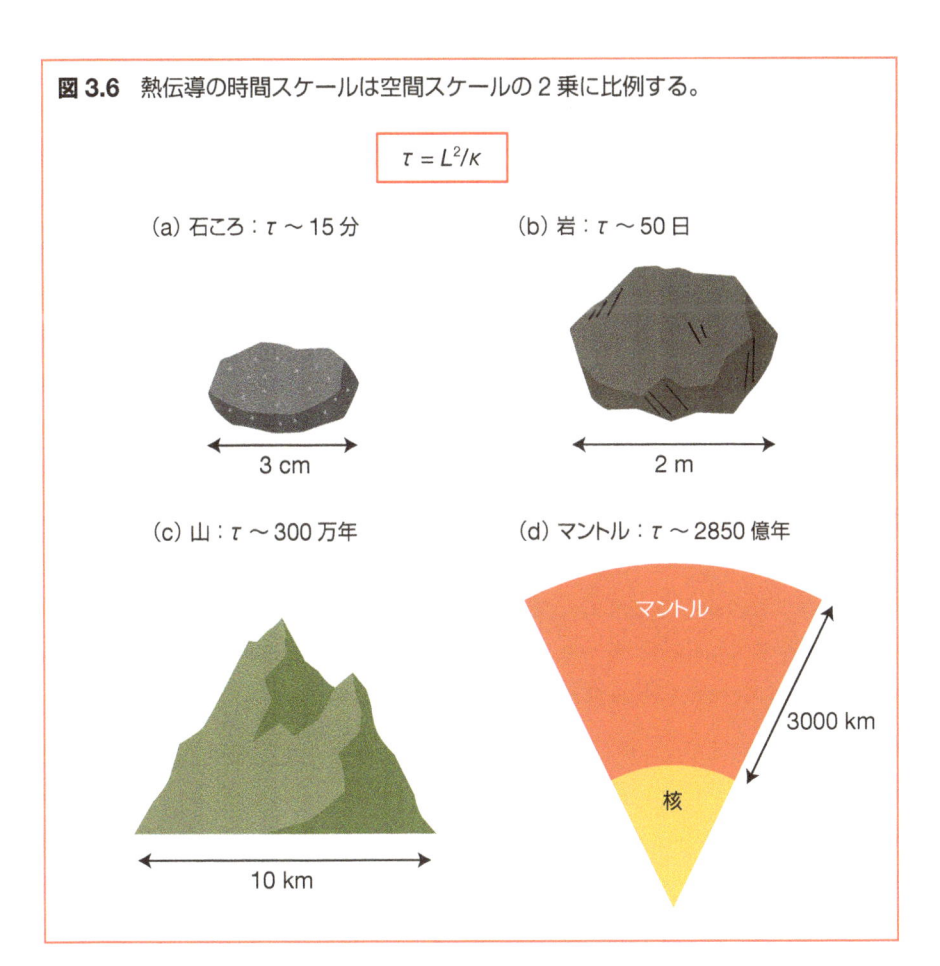

**図 3.6** 熱伝導の時間スケールは空間スケールの 2 乗に比例する。

$$\tau = L^2/\kappa$$

(a) 石ころ：$\tau \sim 15$ 分　　3 cm

(b) 岩：$\tau \sim 50$ 日　　2 m

(c) 山：$\tau \sim 300$ 万年　　10 km

(d) マントル：$\tau \sim 2850$ 億年　　マントル／核　3000 km

## プレートの成長速度

さて、対流の基本は、境界層が成長して重力的に不安定になることですが、境界層の成長は熱伝導によるものです。マントル対流の場合は、熱いマントルが冷たい海によって冷やされ続けることで境界層（プレート）が少しずつ分厚くなっていくのですが、この成長速度は岩石の熱拡散率によって決まり、上で計算したように 1 億年で数十 km の厚さになります。古いプレートの厚さがたいてい数十 km なのは、このような理由によるわけです。プレートは古くなればなるほど厚くなるのですが、古いプレートほど成長速度は遅くなります。たとえば、1000 万年でのプレートの厚さと 4000

**図 3.7** 熱伝導によるプレートの成長。熱伝導の微分方程式を解くと、プレートの厚さの時間変化は $2\sqrt{\kappa t}$ に従うことが導ける。

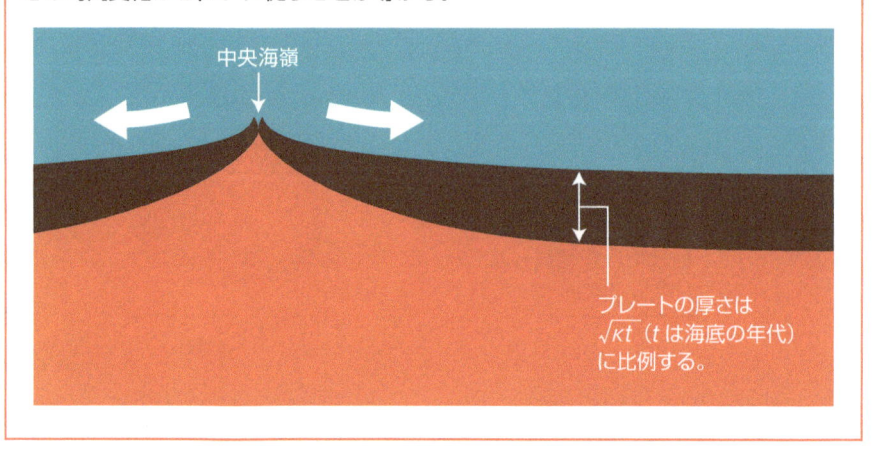

中央海嶺

プレートの厚さは $\sqrt{\kappa t}$（$t$ は海底の年代）に比例する。

万年での厚さでは 2 倍も違いますが、1 億年での厚さと 1 億 3000 万年での厚さは 14% しか違いません。どちらの例も年齢の違いは 3000 万年ですが、プレートの厚さが時間の平方根に比例しているため、成長速度が大きく違ってくるのです（図 3.7）。

## 海の深さと海底の年代

プレートは地表近くのマントルの冷たい部分のことですが、たいていの物質は冷えると縮まって密度が高くなるため、プレートもその下にある熱いマントルより高い密度を持っています。プレートが成長して分厚くなるということは、冷たくて重い部分が増えていくということでもあり、このためプレートは分厚くなると同時に下に沈んでいきます。これは**熱的アイソスタシー**（thermal isostasy）と呼ばれる現象で、アルキメデスの原理で理解することができます（図 3.8）。

といっても、温度による密度の変化はほんのわずかなもので、100 度下がって 0.3% 高くなる程度です。マントルの密度は約 3300 kg/m$^3$ なので、プレートがその下のマントルより平均で 500 度ほど冷たいとすると 50 kg/m$^3$ だけ密度が高いということです。このようなわずかな差ですが、同時にプレートは数十 km もの厚さを持っているので、密度差の影響はかなりのものになります。海底でいちばん若いのは中央海嶺で、その平均水深は 2.5 km

**図 3.8** 熱的アイソスタシーの原理。

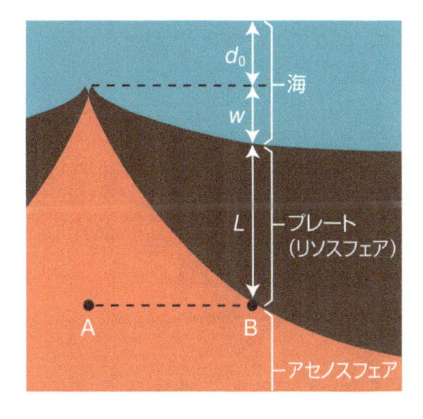

A 点と B 点での圧力はそれぞれ
$$p_A = \rho_w g d_0 + \rho_m g(w+L)$$
$$p_B = \rho_w g(d_0+w) + \rho_L gL$$
ここで、$\rho_w$、$\rho_m$、$\rho_L$ はそれぞれ水、アセノスフェア、プレートの密度を示し、$d_0$ は中央海嶺の深さ、$(d_0+w)$ は B 点の水深、$L$ は B 点でのプレートの厚さを示す。アイソスタシーが成り立っていると、
$$p_A = p_B$$
つまり、
$$\rho_w g d_0 + \rho_m g(w+L) = \rho_w g(d_0+w) + \rho_L gL$$
である。これを $w$ について解いてやると、
$$w = L(\rho_L - \rho_m)/(\rho_m - \rho_w)$$
となる。

一方、プレートの厚さは海底の年代 $t$ を使うと、
$$L = 2\sqrt{\kappa t}$$
また、プレートの密度とアセノスフェアの密度は
$$\rho_L = \rho_m(1 + \alpha \Delta T/2)$$
のように関係している。ここで、$\alpha$ は熱膨張係数、$\Delta T$ は地表温度とアセノスフェアの温度の差を示す。プレートは冷たい分、密度が高くなっている。
これらを $w$ の式に代入すると、
$$w = \alpha \rho_m \Delta T \sqrt{\kappa t} / (\rho_m - \rho_w)$$
となり、密度や $\alpha$、$\kappa$ などの値を入れてやると
$$w(\text{m}) \approx 350 \times \sqrt{\text{海底の年代(Ma)}}$$
となる。1 Ma（100 万年）の海底だと 350 m、100 Ma（1 億年）だと 3500 m になる。

ですが、古い海底の水深は 5〜6 km もあり、この数 km の違いはすべて熱的アイソスタシーによる海底の沈降として説明できます（**図 3.8**）。

このように、海の深さの違いは基本的に海底の年代の違いを反映しているわけです。**図 3.9** に示されているように、大西洋中央海嶺（Mid-Atlantic Ridge）や、東太平洋海膨（East Pacific Rise）といった海底山脈は、海底の年代がゼロの部分に相当し、マントル対流の上昇口に対応しています。こういった海底山脈を中心に新しい海底がつくりだされているので、山脈が海の真ん中に存在しているのは当たり前のことなのです。

海底は古くなると徐々に沈降し、最終的にマントル深部に沈み込むわけですが、この沈み込みをはじめる場所が海溝です。古くて重くなったプレートが「いつ」本格的に沈み込みはじめるか、という問題はじつはよく理解

**図 3.9** (a) 海底の年代（Müller et al. [2008] に基づく）とプレート境界。沈み込み型のプレート境界は緑色で示されている。(b) 水深（Smith and Sandwell [1997] に基づく）。(c) 水深と海底の相関（Korenaga and Korenaga [2008] に基づく）。濃い色ほどデータ数が多い。

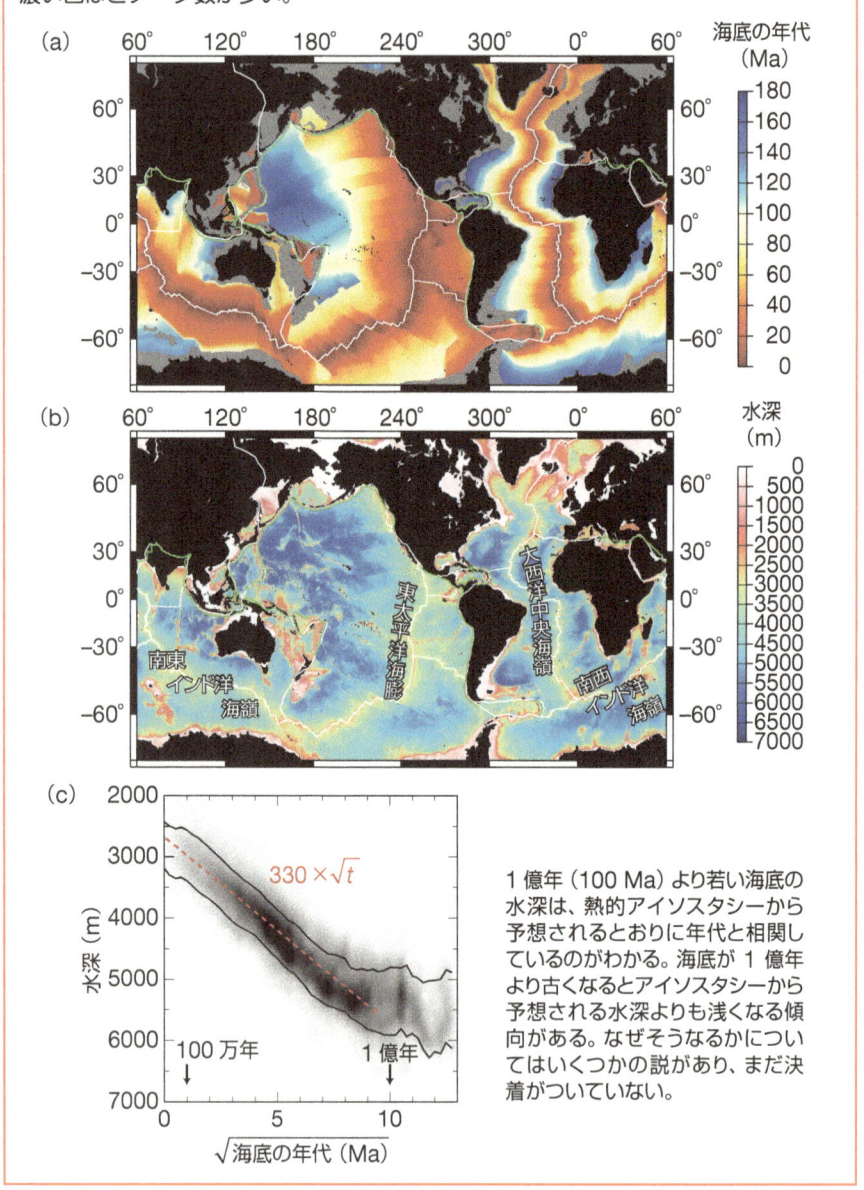

(c) のグラフ中: $330 \times \sqrt{t}$、100万年、1億年、$\sqrt{海底の年代}$ (Ma)

1億年（100 Ma）より若い海底の水深は、熱的アイソスタシーから予想されるとおりに年代と相関しているのがわかる。海底が1億年より古くなるとアイソスタシーから予想される水深よりも浅くなる傾向がある。なぜそうなるかについてはいくつかの説があり、まだ決着がついていない。

されていません。はっきりいえることといえば、現存する海底はすべて2億年よりも若いので、どの海底もいずれは沈み込むだろう、という予想ぐらいです。実際どの年代の海底が現在沈み込んでいるかを見てみると、若くても沈み込んでいる海底もあれば、大西洋のように古くても沈み込んでいない海底もあります（図3.9）。理論的には、プレートがその下にあるマントルよりも密度が高いと沈み込むことはできるのですが、それは必要条件であって、十分条件ではありません。

じつは、表面のプレートが沈み込まないとプレートテクトニクスではない別のタイプのマントル対流になってしまうので、「なぜプレートが沈み込むのか」という問題は「なぜ地球でプレートテクトニクスが起こるか」という問題に直結します。これについては次章で詳しく解説します。

## マントル対流の熱流量

最後に、熱流量について考えてみましょう。対流という現象は熱輸送の一種で、熱伝導よりは効率がよいのですが、マントル対流はどのくらい効率がよいのでしょうか？

熱は熱いところから冷たいところに流れ、その速度は温度勾配に比例します（図3.4）。プレートが古くなるほど分厚くなるということは、若いプレートほど薄く、そのため温度勾配が高くなっていて熱流量が高いということです。また、マントル対流が今より活発でプレートがより速く動いている場合は、（古くなる前に沈み込んでしまうから）プレートの年代が全体的に若くなるため、熱流量も全体的に高くなります。激しい対流ほど熱輸送が効率的なのは、このように対流が活発であるほど、表面の境界層（＝プレート）が十分に成長する時間がなく、境界層が全体的に薄くなるからなのです（図3.10）。

逆にマントル対流がまったくない場合はどうなるでしょうか？　対流が存在しないとすべてを熱伝導に頼るしかなく、これは境界層がマントル全体に広がった状況に対応します。マントルの厚さは約3000 kmで、現在のプレートの平均的な厚さは約60 kmですから、熱伝導にくらべて現在のマントル対流は境界層が50倍も薄く、つまり熱流量も50倍大きいということになります。対流の物理では、「熱伝導の場合とくらべると熱流量は何倍になっているか」を**ヌッセルト数**（Nusselt number）という数値で表現

**図 3.10** プレートの速さ・厚さと熱輸送の効率。プレート運動が速いほど熱境界層が薄くなり、熱輸送が効率的になる。蓋が薄いほど熱が逃げやすいということである。

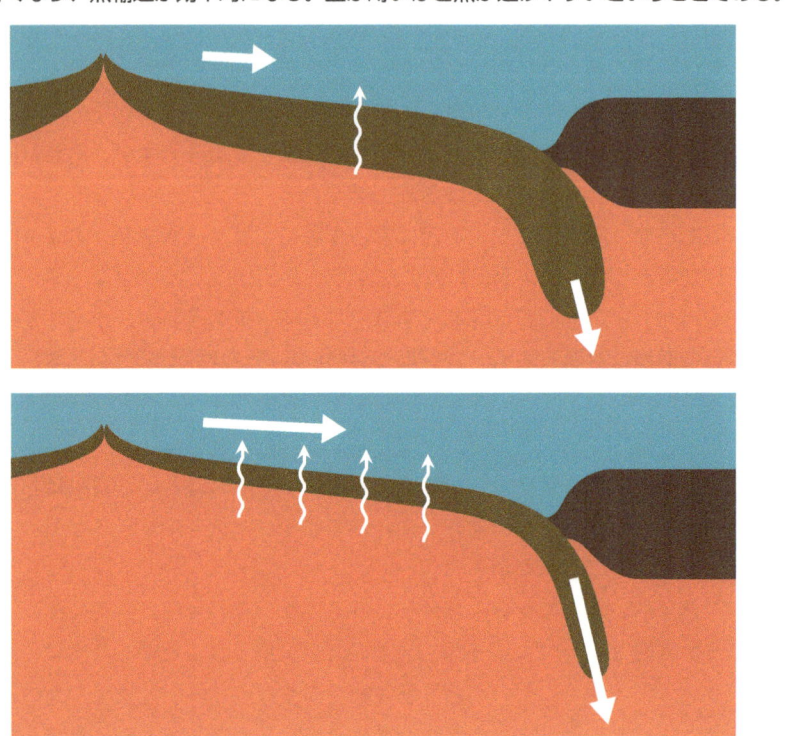

します。難しくいうと、「現在のマントル対流のヌッセルト数は約 50 である」となるわけです。

## 3.3 現在のプレートテクトニクス

ここまで見てきたように、地表におけるプレート運動は地球深部をも取り込んだマントル対流の一部なのですが、鍋の中の対流とくらべるとじつに複雑な現象です。これは、マントルが対流する際に部分溶融して、さまざまな化学成分を持った岩石を生みだしてしまうためです。マントル対流は何十億年と続いている現象ですから、その長い歴史の間に、さまざまな

岩石がつくりだされ、一部は大陸地殻となり、その他はマントルに戻り、といったことを延々と繰り返して、現在の地球のような変化に富んだ構造ができあがりました。とはいっても、全体の様子をおおざっぱに掴むことはさほど大変なことではありません。この節では、プレートテクトニクスと地球の構造とのかかわりを簡単に解説します。

## 「プレート」と「リソスフェア」

　その前に関連用語を少し整理しておきましょう。**第1章**ではプレートとリソスフェアという言葉は同じような意味を持っていると述べましたが、まったく同じということではなく、使い分けるときもあります。現在のプレート群は**図1.1**に示されているとおりですが、太平洋プレートやナスカプレートのように大陸地殻を含まないプレートのことを「**海洋プレート（oceanic plate）**」と呼び、ユーラシアプレートや北米プレートのように大陸地殻を含むものを「**大陸プレート（continental plate）**」と呼びます。

　これとは別に「**海洋性リソスフェア（oceanic lithosphere）**」と「**大陸性リソスフェア（continental lithosphere）**」という用語もあってややこしいのですが、海洋性リソスフェアとは海底以深の構造を指し、大陸性リソスフェアは大陸以深の構造を指します（**図3.11**）。海洋プレートは海洋性リソスフェアからなっていますが、ほとんどの大陸プレートは海洋性リソスフェアと大陸性リソスフェアの両方からなっています。海洋性リソスフェアはどちらの種類のプレートにとっても大切なので、まずこのタイプのリソスフェアについて考えましょう。

## 海洋性リソスフェア

　中央海嶺を境に海洋性リソスフェアは左右に離れ、その隙間を埋めるようにマントルが下から湧き上がってきます。この際にマントルが融けてマグマを発生し、このマグマが地表付近で冷やされて固化したものが海洋地殻です。マントルは80 kmより深いところでは固体なのですが、それよりも浅いところに移動すると、つまり圧力が低いところに上昇すると、融点が下がるために融けはじめます。高い山の上では気圧が低いために水は100℃より低い温度で沸騰しますが、これと同じ原理です。ただ、マントルは水のような純粋な物質ではないので、融けはじめる温度（**ソリダス：**

**図 3.11** （a）海洋性リソスフェアと（b）大陸性リソスフェア。海洋地殻や大陸地殻のすぐ下には部分溶融して枯渇したマントルがあり、その下に部分溶融する前のマントルが続いている。海洋性リソスフェアは冷たくて硬い部分を指し、その厚さは海底の年代によって決まってくる。海洋地殻の下では、温度構造と化学構造が一致していないことに注意しよう。大陸性リソスフェアも、大陸の年代とともに厚くなる傾向はあるが、海洋性リソスフェアほど明瞭な相関はない。大陸性リソスフェアは部分溶融した後のマントルの厚さによって、ほぼ決まっていると思ってよい。大陸性リソスフェアは年代が 10 億年を超えるものが多く、時間が経つと温度構造が自然に化学構造を反映するようになるためである。

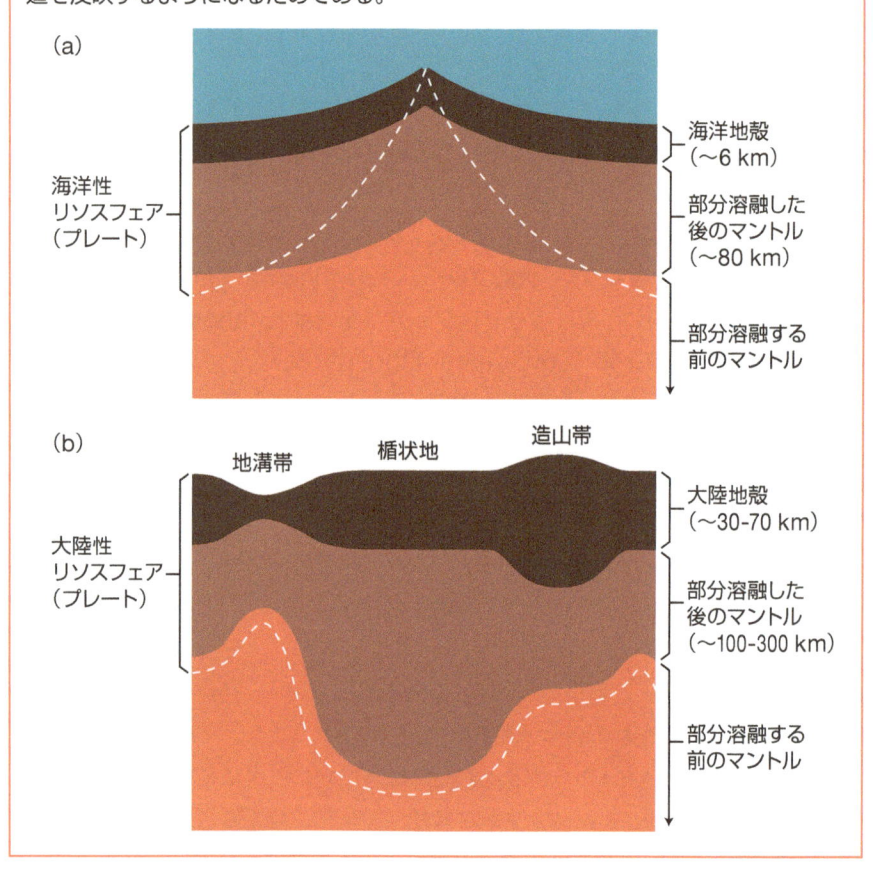

(a) 海洋性リソスフェア（プレート）
- 海洋地殻（～6 km）
- 部分溶融した後のマントル（～80 km）
- 部分溶融する前のマントル

(b) 大陸性リソスフェア（プレート）
- 地溝帯　楯状地　造山帯
- 大陸地殻（～30-70 km）
- 部分溶融した後のマントル（～100-300 km）
- 部分溶融する前のマントル

solidus）と完全に融けきってしまう温度（**リキダス：liquidus**）は数百度程度違います。マントルが全部マグマになってしまわずに、一部だけ融けてマグマをつくりだすのはこのためです。現在のマントルの温度だと、中央海嶺下ではマントルは深さ 80 km くらいから融けはじめて、平均して

数％程度の部分溶融が起こるので、厚さ数 km 程度の海洋地殻がつくられています（図 3.12）。

このように上昇による部分溶融で海洋地殻をつくりだした後は、マントルは横に平行移動するだけです。はじめは熱いマントルも冷たい海によって上から徐々に冷やされ、前節で説明したように熱境界層が少しずつ成長します。この熱境界層がプレートもしくはリソスフェアのことで、厳密には「**熱的リソスフェア（thermal lithosphere）**」という名前がついています。

じつはリソスフェアとひと口にいってもいくつか種類があって、どの物理量に注目しているかによって定義が違ってきます。マントルは冷やされると粘性率が高くなるので、「熱的リソスフェア」の中でも特に硬い部分を「**力学的リソスフェア（mechanical lithosphere）**」と呼んだり、さらに

> **図 3.12** マントルが深部から上昇する際には断熱膨張という現象により、温度が少し下がる（100 km で 50 K 程度）。しかし、マントルが融けはじめる温度（ソリダス）のほうがより大幅に下がるので、マントルは深さ 80 km より浅くなると融けはじめる。融けはじめると部分溶融のためにエネルギーを余分に使うので、マントルの温度の下がりかたが大きくなる。80 km を超えたマントルでも、融け続けるためには上昇し続ける必要があることに注意。横に動くだけではさらなる部分溶融は起こらないのだ。マントルが部分溶融を起こすと、液相がネットワークをつくり、マントルよりもずっと速く上昇する。この液相がマグマとして噴出し固化したものが海洋地殻である。

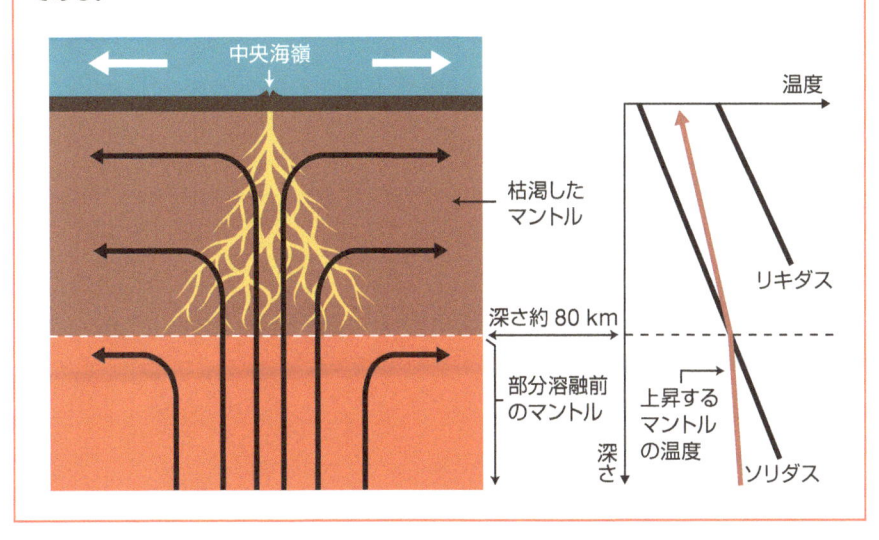

その中で弾性的に振る舞う部分（流動変形をいっさいしない部分）を「**弾性的リソスフェア（elastic lithosphere）**」と区別するときがあります。また、部分溶融してマグマが抜けているかどうかが大切な議論の場合には、「**化学的リソスフェア（chemical lithosphere）**」という用語がよく使われます（**図 3.13**）。**第 1 章**で、地殻とマントルは化学成分の違いに注目した分類、リソスフェアは力学的な性質に注目した用語と説明しましたが、化学的リソスフェアという用語はこの方針に矛盾するものではありません。マグマが抜けたマントルはそうでないマントルにくらべると粘性率が高くなり、このことは、冷却によって粘性率が上がる効果とは別に考える必要があります。なので「化学的」リソスフェアといっている場合でも、大切なのは粘性率という力学的な物性なのです。この本では、たんにリソスフェアとだけ書いているときは熱的リソスフェアのことを指しています。

さて、海洋性リソスフェアだけからなる海洋プレートの一生は、基本的

**図 3.13** さまざまなリソスフェアの定義。熱的リソスフェア vs. アセノスフェア（左）と化学的リソスフェア vs. アセノスフェア（右）の 2 つの場合で、アセノスフェアの定義が微妙に変わってくることに注意しよう。熱的リソスフェアの進化が化学的リソスフェアによって影響を受ける可能性もあり、古い海底の下では（大陸性リソスフェアのように）熱的リソスフェアが化学的リソスフェアと一致しているかもしれない。また、マントルは地震波を伝播するので、すべての部分が弾性的だが、「弾性的リソスフェア」というのは、数千年を超える長い時間変動に対しても流動せずに弾性的に振る舞う部分ということである。

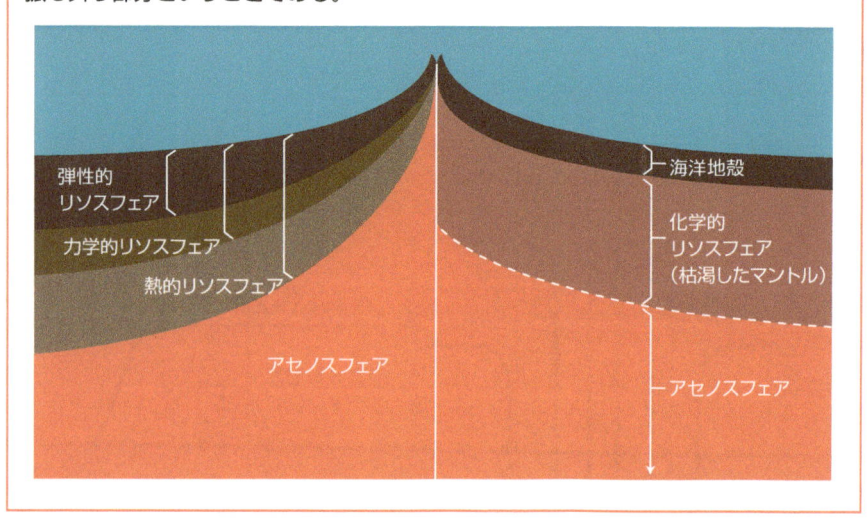

には、水平移動した後に沈み込み帯でマントル深部に戻っていくという単純なものです。しかし、水平移動している際に、海水がじわじわと地殻やその下のマントルにしみ込んでいき、変成作用と呼ばれる化学変化が起こります。岩石の一部が水と反応して、結晶構造の中に水を取り込んだ含水鉱物を持つようになるのです。たいていの含水鉱物は高温のもとでは不安定になり、脱水反応を起こして水と無水鉱物に分離します。沈み込み帯でプレートが沈んでいく際には、まわりから温められて少しずつ温度が高くなりますから、この脱水反応によって、プレートからまわりのマントルに水が放出されます。

このプレートからマントルへの水の放出によって沈み込み帯で火山活動が起こります。水はマントルの岩石にとっては不純物なので、不純物が入ってくるために融点が下がり、部分溶融を起こすのです。これは氷に塩をか

**図 3.14** 島弧火山のいちばん身近な例は日本列島である。日本が温泉に恵まれているのは島弧における火山活動のためである。島弧の下のマントルは沈み込むプレートに引きずられて下降しているが、部分溶融したマントル中の液相ネットワークにより、マグマが上昇することができる。

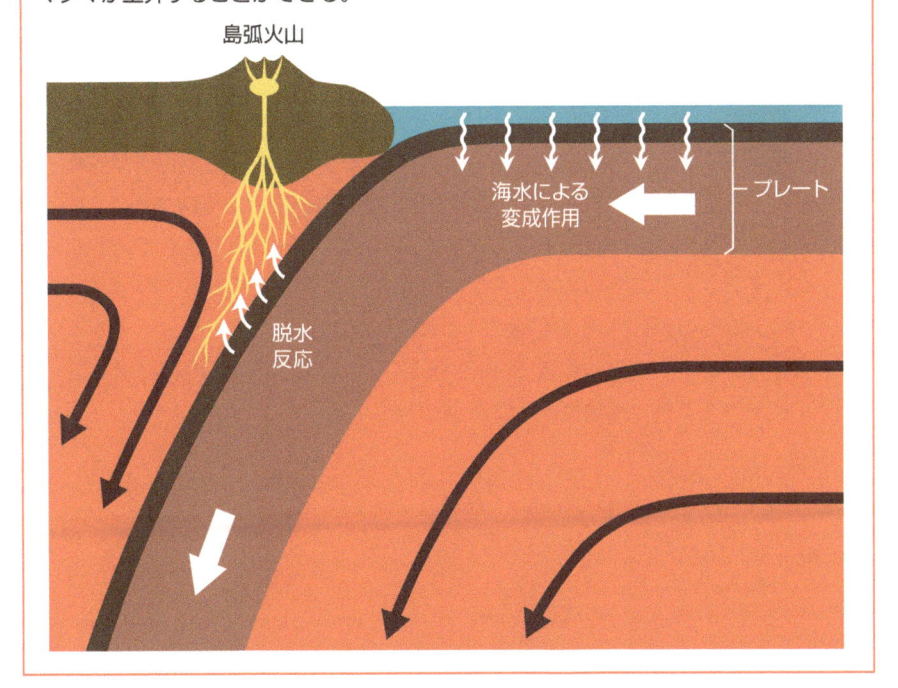

けると融けはじめるのと同じ原理です。このようにプレートの沈み込みでつくられる火山は、沈み込み帯に沿って弧のような形で分布するので、**島弧火山（island arc volcano）** と呼ばれます（**図 3.14**）。

## マントルプリューム

　海水による変成作用はプレートの上からの影響ですが、下からの影響もあります。海底地形を眺めると、いろいろなところに**海山（seamounts）**があることに気づきますが、これらの海山で海水面から顔を出しているのが、いわゆる**海洋島（oceanic islands）**と呼ばれるもので、ハワイやタヒチが有名な例です。海山や海洋島は、ほとんどがホットスポットという火山活動によってつくられたものです。ホットスポットとはプレートの下に局所的に存在している「ふつうのマントルよりも温度が高い部分」のことで、温度が高いためにマグマが発生し、そのマグマがプレートを突き抜けて海底に噴出して海山となるのです（**図 3.15**）。

　マントル対流でどのようなことが起こりうるかを考えると、なぜホットスポットのような温度異常が存在するのかがわかります。マントルは核（コア）によって下から温められているので、マントルの底に熱境界層がつくられ、この境界層が不安定になると熱い上昇流が生まれます（**図 3.2**）。このような熱い上昇流のことを「**マントルプリューム（mantle plume）**」と呼びますが、ホットスポットはこのプリュームによってつくりだされていると考えられています。ですので、世界中の海山を詳しく調べることによって、コア－マントル境界からどのように熱や物質が輸送されているかを推定することができるのです。じつはすべてのホットスポットがプリュームによるものかどうかは議論が分かれていますが、ハワイやタヒチのような海洋プレートの真ん中にできているホットスポットの起源は、マントルプリューム以外では説明することが困難です。

**図 3.15** ホットスポットによる海洋島でいちばん有名なのはハワイ諸島だろう。海面の顔を出しているこれらの島々の北西にもずっと海山が続いており、ハワイ海山列（Hawaiian seamount chain）として知られている。プリュームのように熱いマントルが上昇している上をプレートが通過すると、火山が線上に並ぶわけである。ハワイ海山列は天皇海山列（Emperor seamount chain）とつながっており、これらをまとめてハワイ−天皇海山列と呼ぶことが多い。海山列の方向が途中で変化しているのはプレート運動の方向が途中で変わったため、もしくはマントル内の流れが変化してプリュームの上昇のしかたが変わったためと推測されている。なお、天皇海山列の海山は日本の天皇にちなんで命名されている。

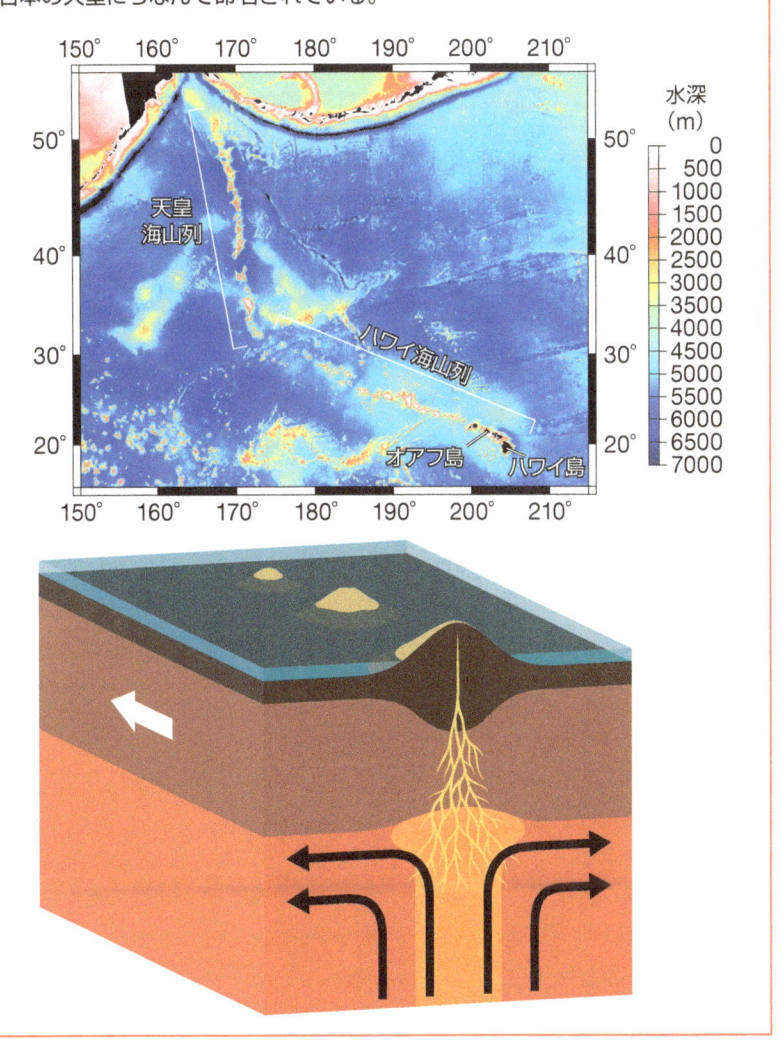

3.3 現在のプレートテクトニクス

# 大陸性リソスフェア

　前述のように、海洋性リソスフェアは中央海嶺で誕生し、厚さは時間の平方根に比例する、と比較的単純な説明が可能なのですが、大陸性リソスフェアになると事情が違ってきます。それというのも、海洋性リソスフェアは古くなると沈み込んでしまい、次から次へと新しいものが出てくるのに対し、大陸性リソスフェアは沈み込まずに現在まで生き残っているものの集まりなので、じつにさまざまな歴史を背負っているからです。最も古い大陸性リソスフェアの年代は 35 億年前にまでさかのぼります。大陸性リソスフェアの厚さは 100 km から 300 km の間で、古いものほど厚い傾向がありますが、例外もあります。海洋性リソスフェアのように単純に年代の平方根に比例しているとすると、30 億年に対する厚さは 600 km を超えてしまうので、大陸性リソスフェアの厚さは冷却の時間とは別の要因で決まっていることが推測できるでしょう。

　大陸性リソスフェアがどのようにしてつくられたのかについては、じつは今でも議論が続いていますが、筆者がいちばんもっともらしいと考える説は、「マントルが今よりもずっと熱かった昔につくられた海洋性リソスフェアの生き残り」というものです。**図 3.16** にあるように、今よりも熱いマントルだと、中央海嶺下ではより深く部分溶融がはじまり、その結果、より分厚い化学的リソスフェアがつくられます。この分厚い化学的リソスフェアがなんらかの理由で完全に沈み込まずに、地表近くにとどまって、その後のプレートの相互運動で圧縮されたり、引き延ばされたりして、さまざまな厚さを持つようになるというわけです。この説の場合、なぜ沈み込まなかったのかを説明しないといけませんが、後の章で説明するように、プレートテクトニクスという沈み込みをするマントル対流がなぜ起こるのかを説明することはたいへん難しいことで、裏を返せば基本的にプレートは沈み込みにくいものなのです。

　大陸プレートはこのような大陸性リソスフェアを持つプレートですが、たいていの場合、海洋性リソスフェアも含んでいます。たとえば北アメリカプレートは、超大陸パンゲアの分裂以降、アフリカから遠ざかるように動いていますが、北アメリカ大陸とアフリカ大陸の間に新たにつくられた海洋性リソスフェアの半分は北アメリカプレートの一部となっています。

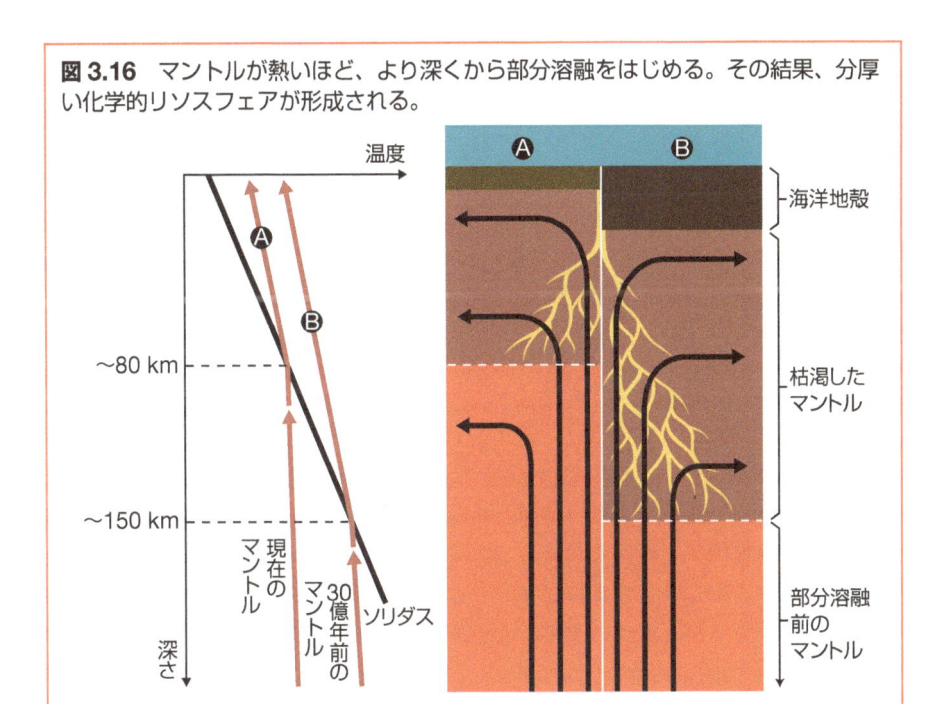

**図 3.16** マントルが熱いほど、より深くから部分溶融をはじめる。その結果、分厚い化学的リソスフェアが形成される。

このように、大陸プレート内にある海洋性リソスフェアは海洋底拡大によって成長したり、沈み込みによって消滅したりしますが、大陸性リソスフェアのほうはあまり変化しません。もちろん、大陸分裂によって引き裂かれたり、大陸性リソスフェアどうしが衝突した場合は局所的に変形し、ヒマラヤ山脈のような大山脈をつくったり、といった個々のリソスフェアの大きさの変化はあります。とはいえ、海洋性リソスフェアにくらべるとはるかに安定した存在です。大陸性リソスフェアが強固な化学的リソスフェアだとすると、この安定性も納得がいきます。

## 現在のプレートテクトニクスの特徴

現在のプレートテクトニクスには、高速度の海洋プレートと低速度の大陸プレートという特徴があります（**図 1.1 (b)**）。最も大きな海洋プレートである太平洋プレートは年間約 10 cm の割合で西に移動しているのに対し、ユーラシアプレート、アフリカプレート、南北アメリカプレートといった大陸プレートの速度はそれの数分の一程度です。例外としてインドプレー

トとオーストラリアプレートがあり、これらは海洋プレート並みの速度を持っています。

このような速度の違いは、それぞれのプレートが沈み込んでいるかどうかによって生まれます。高速で動いている海洋プレートはみな沈み込み帯に向かって動いていますし、オーストラリアプレートはインドネシアとパプアニューギニアの下に、インドプレートはユーラシア大陸の下に沈み込んでいます。プレートテクトニクスはマントル対流の一部ですから、対流の起動力である「沈み込む」熱境界層を含んでいるプレートは速く動くわけです。一方アフリカプレートや南極プレートは、ほとんどのプレート境界が中央海嶺のため、これらのプレートが速く動く理由がないのです。また南北アメリカプレートの西側は沈み込み帯ですが、ここでは海洋プレートが南北アメリカプレートの下に沈み込んでいるだけなので、この沈み込み帯は大陸プレートを速く動かすことにはなりません。

このようにさまざまなプレート運動を含んでいる現在のプレートテクトニクスですが、地球の歴史を考える際に大切なことは、現在の状況は時間とともに変化を遂げているプレートテクトニクスの一場面にすぎないということです。たとえばナスカプレート、ココスプレート、ファン・デ・フカプレートはもっと大きなファラロンプレートが約3000万年前に分裂してできたものですし、1億7000万年前の太平洋プレートは日本列島よりも小さいプレートでした。南北アメリカとヨーロッパ、アフリカの間にある海洋性リソスフェアは超大陸パンゲアが分裂するまでは存在しなかったものです。プレートテクトニクスのおもしろさは、その時間変化を知ることによってより深く理解できるもので、またこういった時間変化を考えると自然に「プレートテクトニクスはいつ頃はじまった現象なのだろうか」「昔のプレートテクトニクスは今とどう違っていたのだろうか」といった疑問も生まれてきます。次章ではこのことについて解説しましょう。

An Illustrated Guide to Plate Tectonics

## 第4章

# プレートテクトニクスは いつはじまったのか

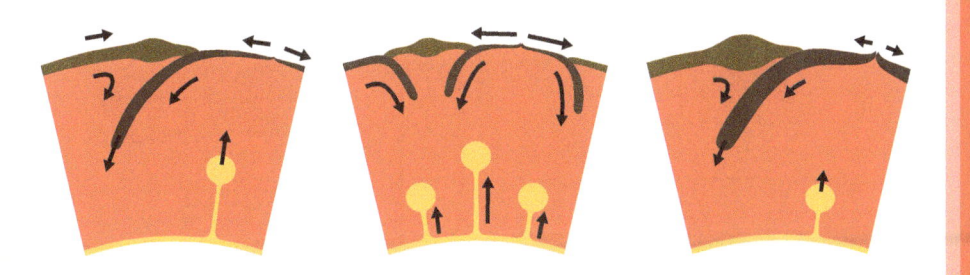

地球の歴史のいつからプレートテクトニクスははじまって、そしてどのような経緯で今日にいたるのでしょうか？　これは現在もまだ解明されていない地球科学の難問です。地球史は46億年前から40億年前までの「**冥王代（Hadean）**」、40億年前から25億年前までの「**太古代（Archean）**」、25億年前から5億4000万年前までの「**原生代（Proterozoic）**」、そして5億4000万年前から現在にいたる「**顕生代（Phanerozoic）**」の4つの時代に分けられます（**図4.1**）。顕生代の間はプレートテクトニクスが起こっていたことを示すさまざまな痕跡が残っているのですが、それ以前となると怪しくなってきます。プレートテクトニクスは原生代の途中からはじまったのでしょうか、それとも太古代にはすでに存在していたのでしょうか？　この章では、この問題についての仮説をいくつか紹介します。

まず手はじめに「ひと昔前の」プレートテクトニクス、つまり顕生代のプレートテクトニクスを復元する方法について考えてみましょう。地球史の復元作業は地球科学の醍醐味のひとつですが、過去のプレート運動や大陸分布の復元は地球科学の総合的な知識を必要とする大変な作業です。

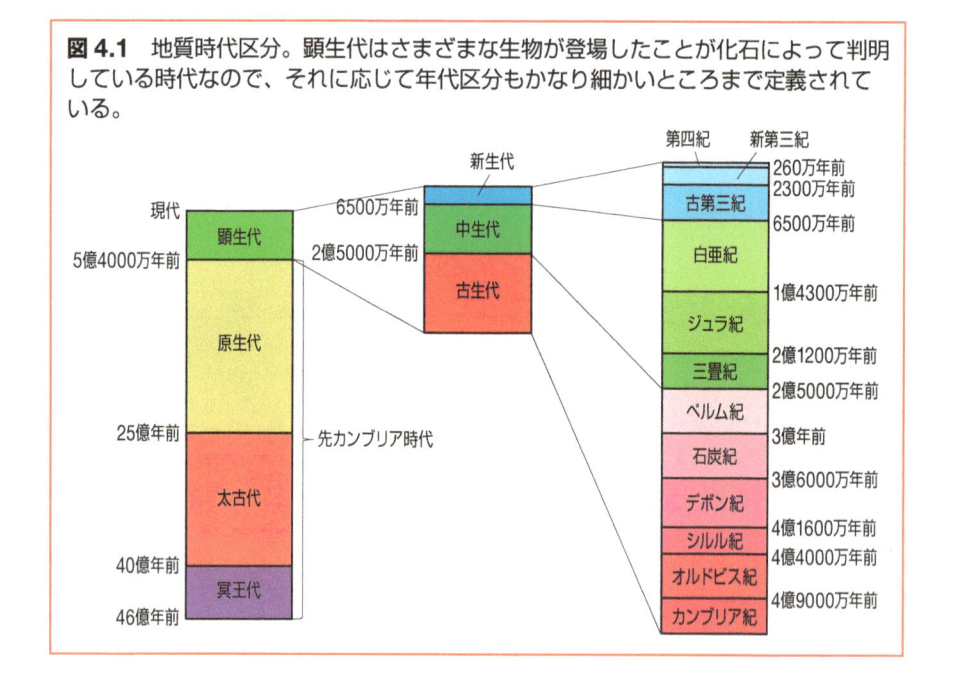

**図4.1**　地質時代区分。顕生代はさまざまな生物が登場したことが化石によって判明している時代なので、それに応じて年代区分もかなり細かいところまで定義されている。

## 4.1 過去のプレート運動の復元

### 地磁気縞模様による復元

　約2億年前までのプレート運動に関しては、海底に質のよい記録が残っています。**2.3節**でプレートテクトニクス理論の発展の歴史を紹介する中で説明したように、中央海嶺で新しい地殻ができる際、地殻の岩石はその時点の地球磁場の方向に磁化されます。地球磁場の極性が反転すると、それに伴い海底の磁化方向も変化し、**地磁気縞模様（magnetic lineations）**と呼ばれる地磁気異常をつくりだします。もし磁場逆転が規則的だったら縞模様も規則的になり、海底年代を読み取ることは不可能です。しかし実際には、磁場逆転がうまい具合に不規則で、年代に応じて独特のパターンを持っているので、縞模様を見るだけでそれにふさわしい海底年代を推定することができます。

　この地磁気縞模様を利用した年代同定は非常に効率のよい方法です。ふつうの年代同定には岩石試料を採集する必要がありますが、古い海底は分厚い堆積層に覆われていますから、地殻岩石をとってくるには海底掘削という非常に手間とお金のかかる方法をとらなくてはいけません。また、海底掘削ではひとつの穴を掘るだけでも大変で、1回の掘削航海で掘れる穴はせいぜい数本です。これを考えると、地磁気を利用する方法は、船に磁力計を載せて走らせるだけで測線下にある海底の年代が連続的にわかってしまうという、まるで魔法のような手法なのです。

　さて、このように地磁気縞模様から海底の年代がわかると、過去のプレート運動はわりと簡単に復元できます。いちばん単純なのが大西洋の場合で、若い海底から順に消していって、できた隙間をなくすようにまわりの大陸を移動させていくだけです（**図 4.2**）。そうすると約2億年前までさかのぼれば大西洋が消滅して、ほとんどの大陸がつながっている状況を再現できます。この巨大な大陸は**超大陸パンゲア（supercontinent Pangea）**と呼ばれています。

　太平洋やインド洋の場合は、沈み込んでしまった海底の様子を推測する必要があるのですが、これには鏡対称性を利用します。すなわち、海底は

**図 4.2** 地磁気縞模様を利用した超大陸パンゲアの復元（Lawver et al. [2003] に基づく）。中央大西洋、南大西洋、北大西洋の順につくられていった様子が見て取れる。

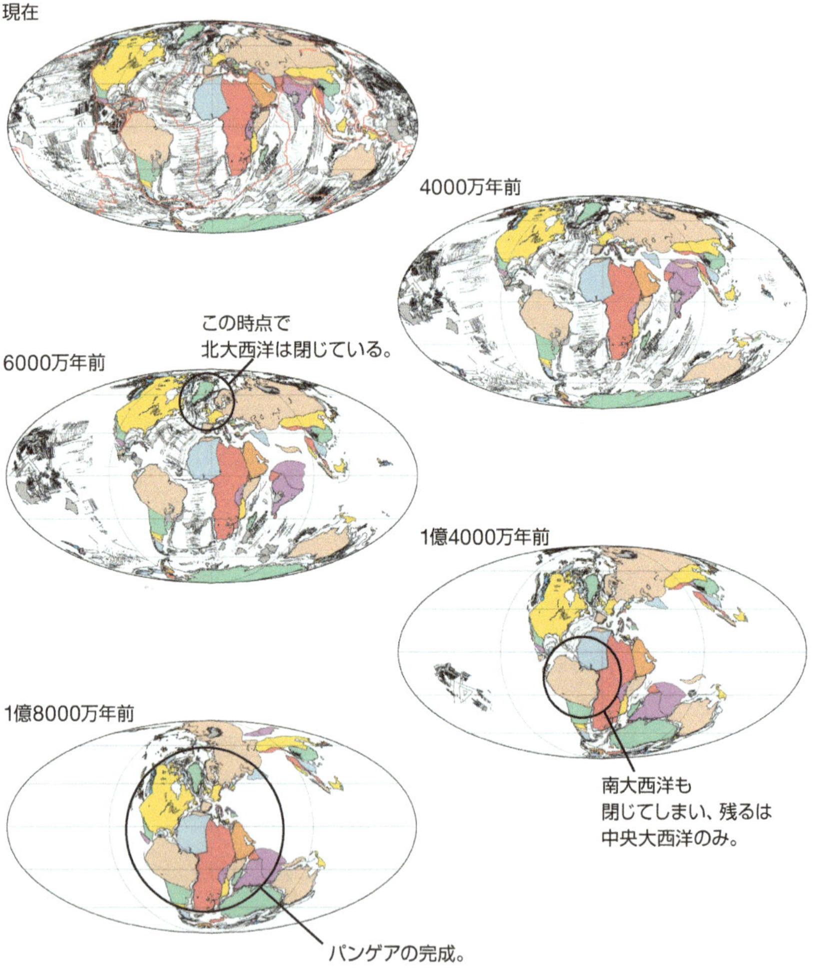

現在

4000万年前

6000万年前　　この時点で北大西洋は閉じている。

1億4000万年前

1億8000万年前　　南大西洋も閉じてしまい、残るは中央大西洋のみ。

パンゲアの完成。

　中央海嶺を軸として両側に対をなすようにつくられるという性質です。この対称性を考慮すると、片方の海底が沈み込んでしまった場合でも、もう片方の海底が残っていれば、沈み込んでしまった海底のことも推測できるというわけです。現在の太平洋の海底はほとんどが太平洋プレートですが、1億6000万年前にさかのぼると、太平洋プレートは3つの大きな海洋プ

**図 4.3** 太平洋プレートの歴史（Lawver et al. [2003] と Sager [2007] に基づく）。太い線はプレート境界を示す（そのうち、かなり不確かなものを破線で示してある）。

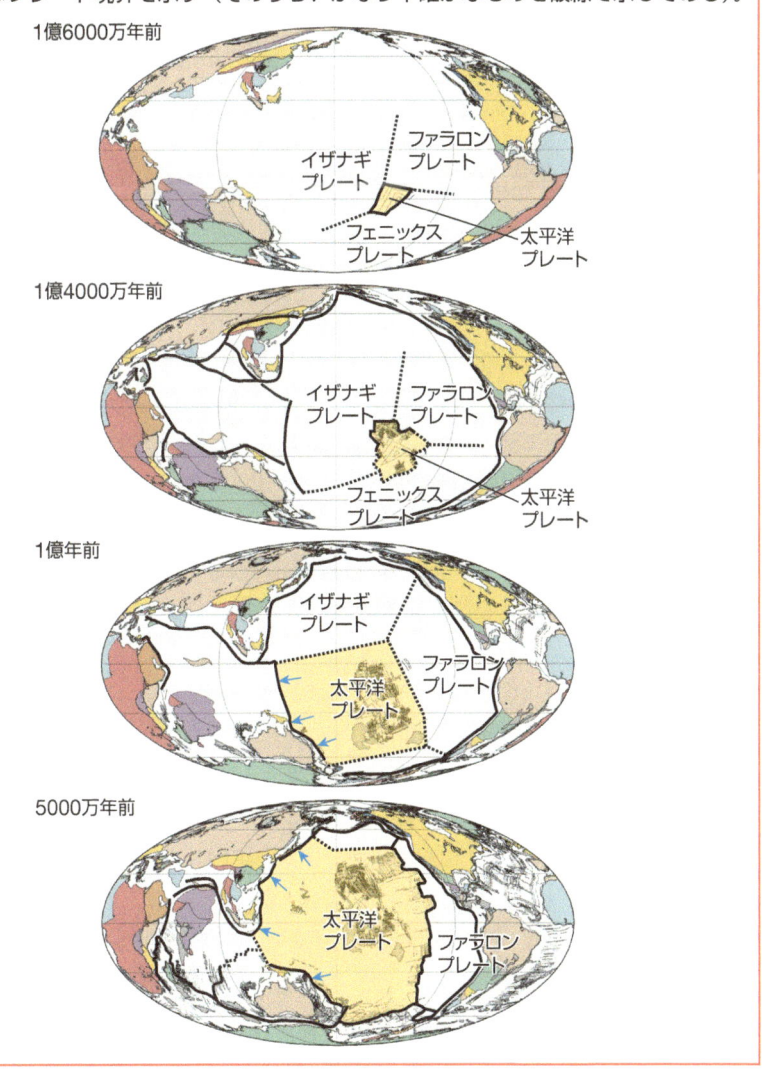

1億6000万年前

1億4000万年前

1億年前

5000万年前

レートに囲まれたほんの小さなプレートにすぎなかったことがわかっています（**図 4.3**）。しかし、この小さな太平洋プレートのまわりはすべて中央海嶺だったため、時が経つとともに太平洋プレートはどんどん成長を続け、今にいたるというわけです。その昔、太平洋プレートを囲っていた 3 つの

大きなプレートのうち、イザナギプレートとフェニックスプレートは完全に沈み込んでしまいました。ファラロンプレートはというと、北側はほとんど沈み込んでしまって、かろうじて残っている断片が今のファン・デ・フカプレートと呼ばれている部分で、南側は2つに分裂して、今のココスプレートとナスカプレートになっています（**図 1.1 (a)**）。

## 大陸のジグソーパズル

　このように、海上で測られた地磁気縞模様を解読すると、昔のプレート運動をかなり詳しく復元することができますが、この方法が通用するのは1億8000万年前までです。それより昔の海底はすべて沈み込んでしまって、今では存在しないためです。ここにプレートテクトニクス固有のもどかしさがあります。プレートテクトニクスのいちばんの特徴は表面のプレートが地球深部に沈み込むことなのですが、まさにそのことによって、過去の情報が失われてしまうのです。そのため、1億8000万年前より昔にさかのぼるには、ほかの二次的な証拠に頼らざるをえません。

　ここで頼りになるのが、大陸移動説の復活のきっかけをつくった、大陸ごとの見かけの極移動を組み合わせる方法です。この古地磁気学を利用したやりかただけでは、大陸の分布に自由度があるのですが、化石の分布や地質構造の連続性などのデータも合わせて検討することにより、少なくとも顕生代の大陸分布はかなりしっかりと決定できます（**図 4.4**）。

　顕生代より昔になると、この方法でも苦しくなります。その理由のひとつは、復元の役に立つような化石がほとんど出なくなることです。そもそも「顕生代」という名前は「生命の存在が明らかな時代」という意味で、世界中のいたるところで化石が出てくる5億4000万年前からはじまったということになっています。顕生代をさらに細かく分けると、古いほうから「古生代」「中生代」「新生代」となり、さらに古生代は「カンブリア紀」「オルドビス紀」「シルル紀」などと分かれています（**図 4.1**）。

　カンブリア紀より前の地層からも化石は発見されていて、地球上に生命が存在していたことはわかっているのですが、化石の数も種類もカンブリア紀に入ってから大幅に増え、この時期になんらかの理由で急速に生命が進化したと推測されています。「**カンブリア爆発（Cambrian explosion）**」という言葉に聞き覚えのある人も多いのではないでしょうか？　カンブリ

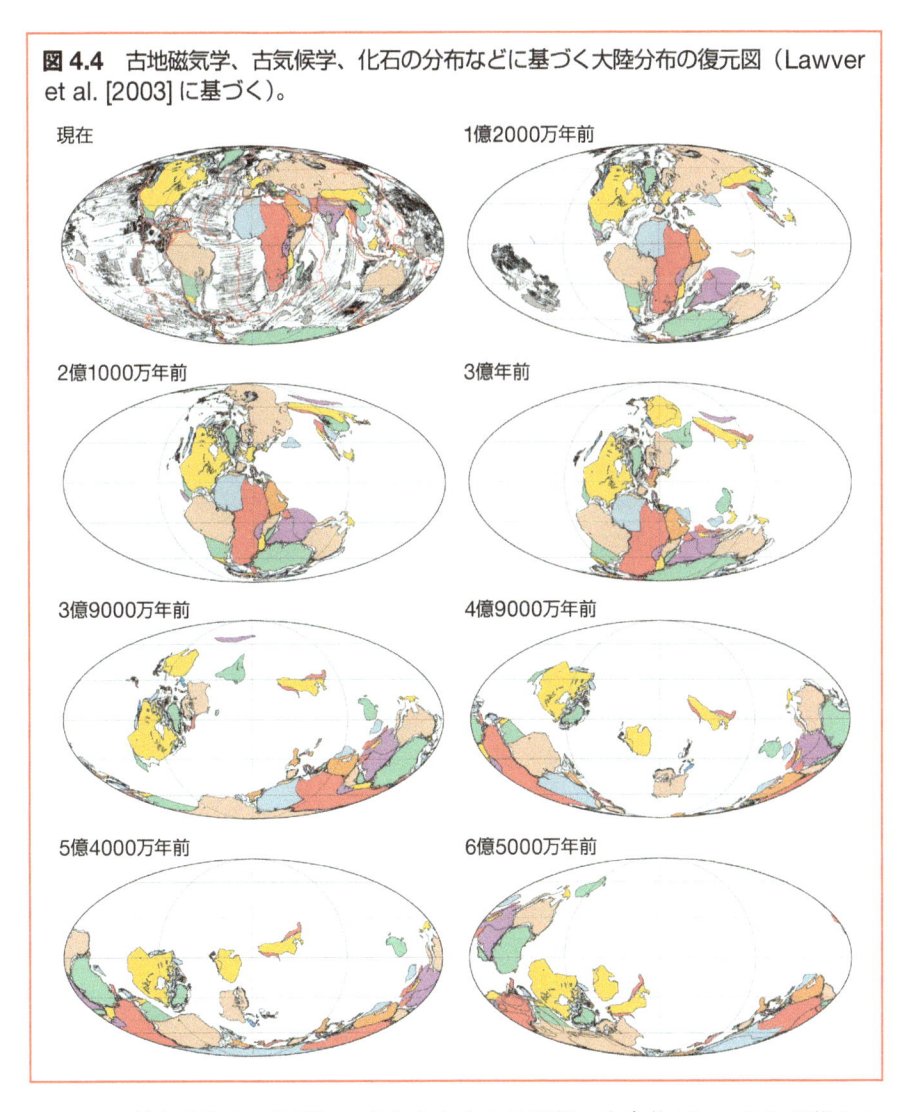

**図 4.4** 古地磁気学、古気候学、化石の分布などに基づく大陸分布の復元図（Lawver et al. [2003] に基づく）。

ア紀がはじまった頃に、ありとあらゆる形態の生命体がいっきに登場したことを指しています。裏を返せば、カンブリア紀以前の生物は単純すぎて、化石として残っていたとしても、古環境について雄弁に物語るデータにはならないということです。ですので、顕生代より前の地球史は長らくの間「**先カンブリア時代（Precambrian）**」とひとくくりにされて、200年を超える地質学の歴史の中でも、熱心に研究する人が増えてきたのはここ数

十年のことです。

## 4つの超大陸

　先カンブリア時代の研究が進むようになったのは、同位体を利用して岩石の絶対年代をかなり正確に求めることができるようになったからです。化石がよく出る顕生代の研究においては、化石の種類により相対年代がしっかりと決まることが多いので、絶対年代が曖昧でもさほど困ることはありません。しかし、そういう化石の出ない先カンブリア時代を調べるには、岩石の絶対年代がわからないとお手上げです。**第2章**でも触れましたが、同位体を利用した年代測定が精度よくできるようになったのは1960年代以降です。測定には質量分析計なる装置を使うのですが、この装置の精度はここ数十年の間にかなり向上し、今では先カンブリア時代の岩石の年代を0.1％程度の精度で測定できるようになっています。また近年では、超伝導量子干渉素子を用いたきわめて高精度の岩石磁気の測定も可能になりました。しかし、見かけの極移動を求める際に用いる岩体は、年代が古くなるほど手に入りにくくなるために、先カンブリア時代における大陸分布はいまだに専門家の間で意見が割れています。

　ただ、詳細な大陸分布はわからなくても、だいたいの様子は**造山帯**（大陸どうしの衝突などによって山脈が形成されたところ）の年代から推測することができます。たとえば、アメリカ東部のアパラチア山脈、スカンジナビア半島を貫くスカンジナビア山脈、そしてグリーンランド東部の山脈はどれも約4億年から3億年前あたりにかけてつくられたもので、まとめてカレドニア造山帯と呼ばれています。これは、大陸どうしが衝突して超大陸パンゲアを形成した際にできたものです。世界の諸大陸にはこれ以外にも、すでに侵食されて平らになっている過去の造山帯が数多く残されており、年代による造山活動の変化を見ると、おもしろいことに3つのピークが現れます（**図4.5**）。

　同じような年代の造山帯が世界的に分布しているということは、その年代に大陸どうしが衝突を繰り返して超大陸をつくったことを意味しているのではないでしょうか？　ハーバード大学のポール・ホフマンはこのような地質学的データをもとに、パンゲアの前にも**ロディニア**（約10億年前）、**ヌナ**（約18億年前）、**ケノアランド**（約27億年前）という3つの超

**図 4.5** 造山活動によってつくられたと考えられているジルコンの年代分布（Condie et al. [2009] に基づく）。火成ジルコンは花崗岩の中にあるジルコンのこと。岩屑性ジルコンとは、もともとは花崗岩の中にあったものが、風化作用によって今では堆積物の中に見られるジルコンのこと。Hoffman [1997] による超大陸の形成時期も示されている。ゴンドワナランドが括弧の中に入っているのは、ゴンドワナランドはパンゲアができる途中の状態であって、独立した超大陸と考えるべきではないと考える研究者も多いためである。

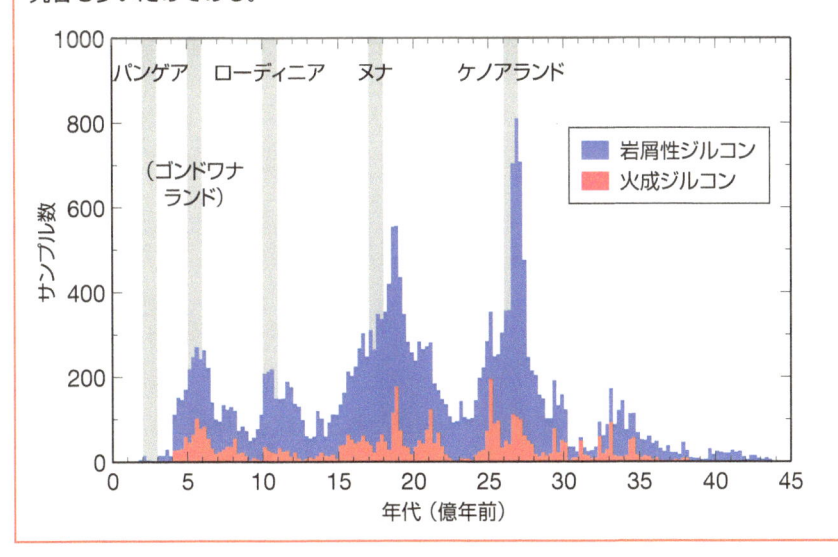

大陸があっただろうと提唱しています。

　超大陸ができるためには大陸と大陸が衝突しないといけませんが、そのためには、大陸間にある海底が沈み込む必要があります。超大陸が27億年前にも存在していたということは、とりもなおさず、そのときにはすでにプレートの沈み込みが生じていた、つまり原生代がはじまる前にはプレートテクトニクスが起こっていたということになるわけです。

# 4.2 原生代のプレートテクトニクス

## 地質年代の意味するところ

　前節では、顕生代は化石がたくさん出てくる時代であり、それより前の

地球史は長らく先カンブリア時代とひとくくりにされてきたことを説明しました。今では先カンブリア時代も原生代、太古代、冥王代の3つに分けられています。原生代の終わりは顕生代のはじまりですから、その境は化石がたくさん出てくるかどうかによって決められているわけで、じつはほかの年代境界も似たような方法で決められています（図4.6）。

原生代と太古代の境は25億年前ですが、これは、25億年前より新しい岩石はわりとある一方で、それより古い岩石はあまりないことに対応しています。また、25億年より前の岩石が数は少ないながらも存在はしているのに対して、40億年前より古い岩石は存在すらしていません。太古代と冥王代の境が40億年前なのはこのためです。冥王代は、その時代の岩石が

**図4.6** 地質年代をさかのぼるほど、観察の対象となるものが急速に減っていく。

現存していないため、どのような時代だったのかを推測することが非常に困難な「暗黒の時代」という意味なのです。ただし、冥王代の年代を持つ鉱物は存在しており、最近はその鉱物の研究から地球初期のことも少しはわかるようになってきました。

いずれにせよ、基本的に地質年代区分はデータがどの程度あるかによって決められています。それを考えると、原生代、太古代と時間をさかのぼるほど観測事実がどんどん少なくなり、研究するのが難しくなることが切実に理解できると思います。

## 原生代のプレートテクトニクスは今より活発だった？

乏しいデータを利用して過去の地球のことを探ろうとする際に欠かせないのが、理論的考察です。細かいことまではわかりませんが、マントル対流がどのように時間変化していたはずかを考えると、傾向としてだいたいこうなっているだろう、くらいのことはいえます。

まず、**第3章**で説明したように、マントルの粘性率が低いほど対流は激しくなります。そして地球は常に宇宙空間へ熱を放出しているので、時間とともにマントルの温度は低くなります。冷たいマントルはより高い粘性率を持ちますから、裏を返すと、今より熱い昔の地球ではマントルの粘性率は低く、そのためにより激しく対流していたに違いないと推測されるわけです。原生代のはじめ、およそ25億年前には、マントルの温度は今よりも200度ほど高かったことが岩石学の知見からわかっています。この数字を用いて理論的計算をおこなうと、このときのプレートテクトニクスは今の10倍の速さで活動していたと推測できます（**図4.7**）。

この「昔地球がまだ熱かった頃は、激しいマントル対流のためプレートが高速で動いていた」というイメージは直感的にもしっくりくるものであり、実際数多くの論文や教科書で当たり前のように取り扱われています。しかし、じつはこの理論的推測にはいくつか重要な欠点があるのです。

まず第一に「高速のプレートテクトニクス」を示唆する地質学的なデータがほとんどありません。もちろん、原生代のプレート運動がどうなっていたかを直接物語るデータ自体がほとんど存在しないので、それだけでは高速のプレートテクトニクスを否定することにはなりません。しかし、たとえば地球史における超大陸の形成の頻度（**図4.5**）、すなわち**超大陸形成**

**図 4.7** マントル対流とマントルの温度の関係（Korenaga [2013] に基づく）。熱いマントルは粘性率が低いので、より激しく対流する。そのため地表からの熱放出も大きく、プレート運動も速くなる。

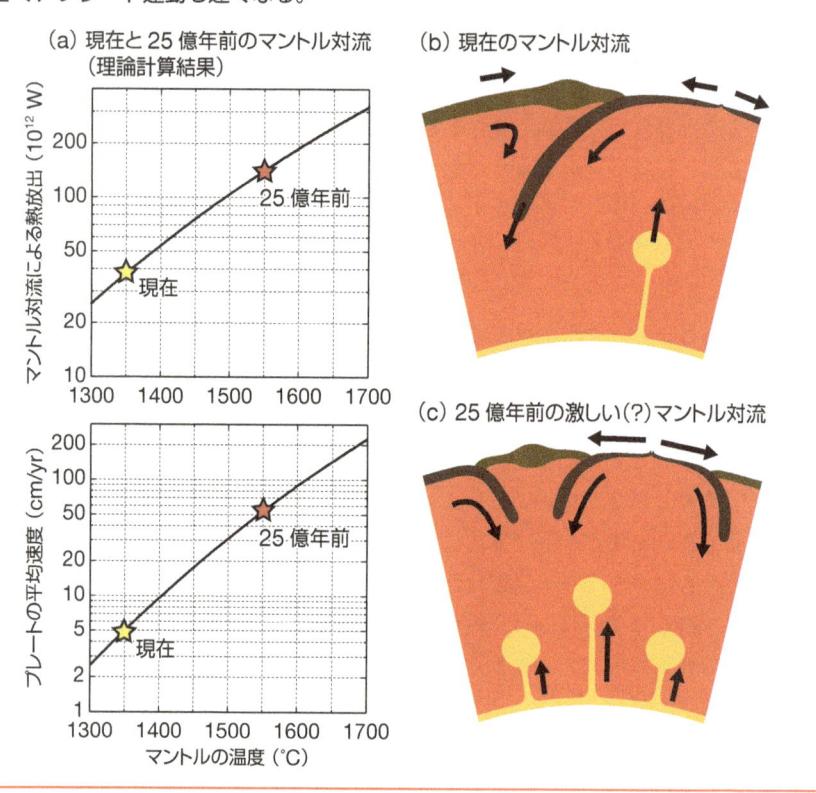

(a) 現在と 25 億年前のマントル対流（理論計算結果）

(b) 現在のマントル対流

(c) 25 億年前の激しい(?)マントル対流

サイクル（**ウィルソン・サイクル**とも呼びます）はほぼ一定のように見えます。昔ほどプレート運動が活発だったのであれば、もっと頻繁に超大陸ができてもよさそうなものです。また、個々の大陸の分裂と衝突の記録を詳しく復元すると、過去にさかのぼるほど分裂と衝突の間隔が長くなることもわかってきました。これも、昔のマントル対流ほど激しかったという通念と相容れない観測事実です。

次に、今より激しいマントル対流が昔は起こっていたとすると、地球の冷却史をうまく説明できなくなるという、さらに深刻な問題も出てきます。対流が激しくなるほどより多くの熱を宇宙空間に放出するため、マントルが急速に冷えることになり、現在のマントルよりも冷たくなってしまうの

**図 4.8** 25 億年前にマントルの温度が 1550℃だった場合に、地球がその後どのように冷えていくか、またその前はどのくらい熱かったかを計算した例。ここでは図 4.7 のようにマントル対流が振る舞うと仮定している。青点は岩石学データに基づいた過去のマントルの温度の推定（Herzberg et al. [2010] による）。マントルに含まれている放射性元素による内部熱源の影響も計算に含まれている。

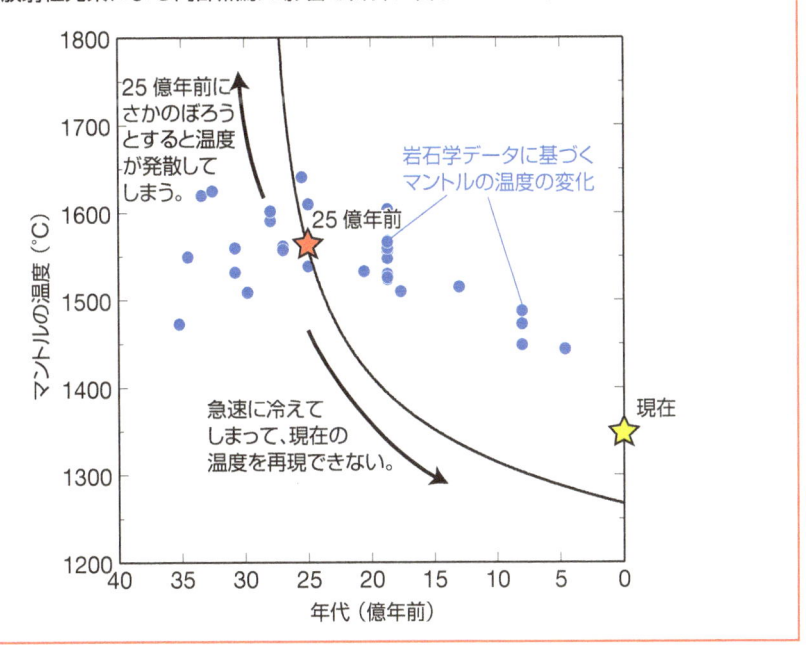

です（**図 4.8**）。同様の計算で 25 億年前より前のマントルの温度も求めることができますが、太古代のマントルは非常に熱かったことになり、これも岩石学の観測事実から大きくずれてしまいます（**図 4.8**）。激しいマントル対流で地球が急速に冷えているとすると、このように「今は冷たすぎて、昔は熱すぎる」という理論予想を避けられないのでした。

## 地球物理学者の悪戦苦闘

　過去のマントル対流が今より激しかったと仮定すると、地球が冷えすぎてしまってつじつまが合わなくなるという問題は、1980 年代になって出てきました。それ以前も地球の冷却史の研究はおこなわれていましたが、プレートテクトニクス理論が確立されるまでは、そもそもマントル対流というものが信じられていなかったので、理論計算も熱伝導しか考慮していな

い原始的なものでした。しかし、マントル対流を仮定して計算してやると、地球が冷えすぎてしまうことはすぐに明らかになりました。対流は熱の伝わりかたの一形態です。プレート運動の原動力であるマントル対流は、地球内部から宇宙空間へどのように熱が逃げていくかを定量的に考えるための理論なので、地球の冷却史を説明できないということは、この理論の致命的な欠点でした。

　もちろん地球物理学者も打開策をいろいろ考えました。冷えすぎてしまうのが問題なのだから、それを防ぐためには内部熱源を高く設定すればいい、というのがよく使われる手です。こうすると冷却のスピードを遅らせることができ、少なくとも現在におけるマントルの温度と地表から放出される熱を説明することはできます（**図4.9**）。この解決策を採用している論文はじつに数多く書かれてきましたが、このやりかたには重大な問題点があります。

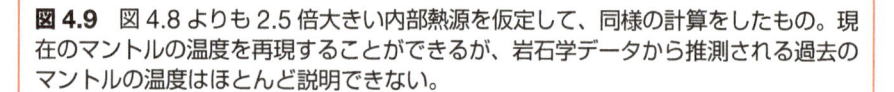

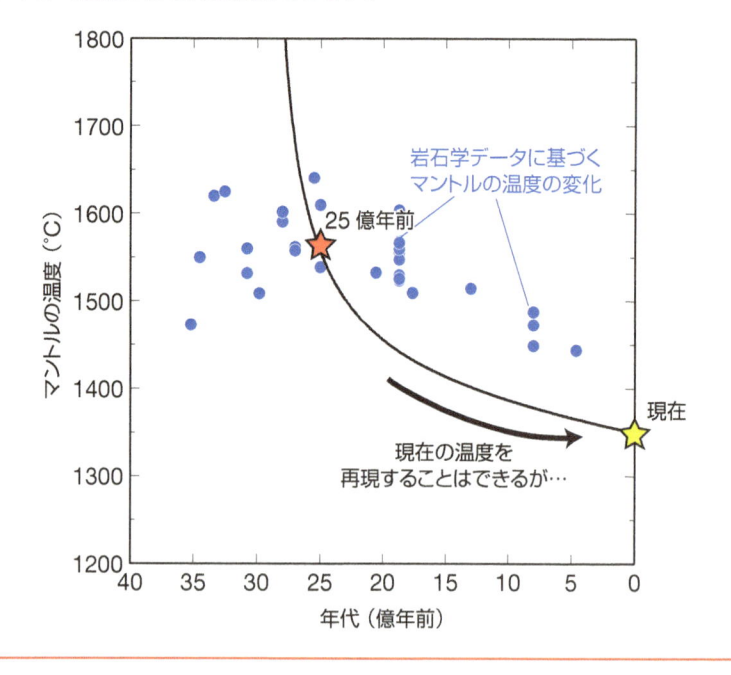

**図4.9**　図4.8よりも2.5倍大きい内部熱源を仮定して、同様の計算をしたもの。現在のマントルの温度を再現することができるが、岩石学データから推測される過去のマントルの温度はほとんど説明できない。

まず、内部熱源は放射壊変によるものですが、ウラン（元素記号：U）とトリウム（Th）のような放射性元素の存在量はマントルの化学組成によって決まっており（図4.10）、地球物理学での計算がうまくいかないからといって、勝手に増やしたり減らしたりしてよいものではないのです。次に、内部熱源を高くすると現在の状況は再現できるかもしれませんが、現在にいたるまでの冷えかたが岩石学から推定される冷却史と合いません（図4.9）。過去に噴出した岩石の化学組成を入念に調べることによって、太古代から原生代の前半にかけてはマントルの温度はゆるやかにしか変化せず、冷却の傾向がはっきりと出てくるのは約10億年前からということが推定されています。熱いマントルほど激しく対流するという理論では、地球の内部熱源の量をいろいろ変化させても、この冷却のしかたを再現することはできないことがわかっています。

　このように書いてしまうと、理論計算をしている人々の旗色が悪くなってしまいますが、少なくとも1980年代の時点では、内部熱源の量を多く見積もることで計算のつじつまを合わせてもかまわないように思われました。というのも、当時はそれほどはっきりとマントルの化学組成が決まっておらず、岩石学による冷却史の推定が精度よくおこなわれるようになったのもここ数年の出来事なのですから。実際、「これは内部熱源の量を地球物理学的に推定する方法である」と考える地球物理学者も多くいたのです。

　しかし時代が経つにつれて、それぞれの学問分野も発展します。と同時に地球科学が成熟するにつれ、分野の細分化も進み、自分の専門分野以外のことに疎くなる傾向も強まりました。地球物理学者は高い内部熱源を仮定する計算方法を「標準モデル」として、その後もずっと採用し続けました。一方、地球化学者はマントルの化学組成をより精度よく求められるようになっても、地球物理学者がそれをいっさい無視して計算しているという状況に気づいていませんでした。マントル対流によって地球がどのように冷えているのか、という基本的な問題を理論的にまったく説明できていないという状態が、じつはずっと続いていたのです。基本的な問題ほど解くのが難しい、というのはよくある話です。しかし、21世紀に入り、この問題にもようやく新しい光が差し込みました。

**図 4.10** マントル内に存在する放射性同位体で大切なのは、$^{238}$U、$^{235}$U、$^{232}$Th、そして $^{40}$K の 4 つである。U と Th の存在度そのものは低いが、何回もの放射壊変を経て、鉛（Pb）の安定同位体になるので、放出されるエネルギーが大きい。$^{40}$K ひとつひとつの放射壊変エネルギーは低いが、カリウムは岩石中に大量に存在するため、重要な熱源となる。その他の放射性元素はいずれも、存在度も放射壊変エネルギーも低いため考慮する必要がない。現在のマントルに含まれているウラン、トリウム、カリウムによって、約 $10^{13}$ W の熱が生成されていると推定されている。放射壊変によってエネルギーだけでなく、ニュートリノも生成されることに注意しよう。最近では、このニュートリノを計測することにより、内部熱源の量を直接測ろうとする試みがなされている。

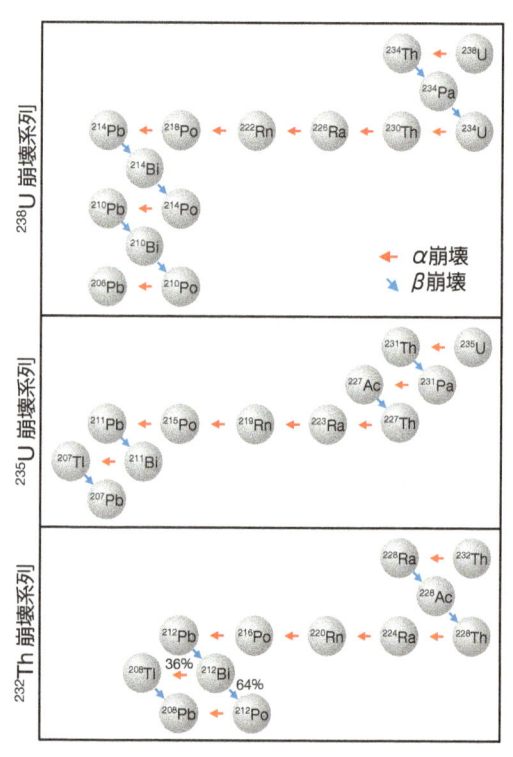

まとめると、以下のようになる。

$^{238}$U $\rightarrow$ $^{206}$Pb + 8 $^{4}$He + 6 e$^{-}$ + 6 $\bar{v}_e$ + 51.7 MeV
$^{235}$U $\rightarrow$ $^{207}$Pb + 7 $^{4}$He + 4 e$^{-}$ + 4 $\bar{v}_e$ + 46.0 MeV
$^{232}$Th $\rightarrow$ $^{208}$Pb + 6 $^{4}$He + 4 e$^{-}$ + 4 $\bar{v}_e$ + 42.7 MeV

これ以外には、以下の $^{40}$K の放射壊変が大切になってくる。

$^{40}$K $\rightarrow$ $^{40}$Ca + e$^{-}$ + $\bar{v}_e$ + 1.31 MeV
$^{40}$K + e$^{-}$ $\rightarrow$ $^{40}$Ar + $v_e$ + 1.51 MeV

## 新しい地球史観の登場

　マントル対流は、「固体の岩石が対流している」というじつに不思議な現象です。地質学的な時間スケールで見れば、固体も流体のように変形するので、もちろん流体力学で理論的に取り扱うことができます。とはいえ、ふつうの流体力学の対象である液体や気体の対流とは異なる種類の複雑さを持ちます。水や空気は粘性率が低いため、数学的に取り扱いが難しい「乱流」という現象を引き起こしますが、そういうことはマントルでは起こりません。しかし、水や空気と違って、マントルは物性の異なる複数の鉱物が組み合わさった非常に複雑な固体で、そのせいでマントル対流を理解することが難しくなっています。

　マントル対流の理論的研究は 1980 年代から盛んにおこなわれてきましたが、複雑な物性を考慮して計算ができるようになったのは 1990 年代になってからで、これはコンピュータの発展のおかげです。また、岩石の物性もより深く研究されるようになり、マントルの粘性率が地球内部でどのように変化しうるかもよくわかるようになりました。マントルの複雑な物性を考えると、通常の流体力学の常識、つまり「熱いものほど激しく対流する」という理解がマントルにそもそも通用するのかという疑問が出てきます。地球の冷却史の計算ではこの常識をすべての基礎としていますが、内部熱源の量を加減するといった小手先の解決法ではなく、いちばんの根底にある常識を疑ってみることが大切ではないでしょうか？

　じつは、このような疑問はすでに 1980 年代からときどき呈示されていたのですが、常識を覆すほどの研究はされていませんでした。しかし最近になって、岩石学の常識、物性物理の常識、そして流体力学の常識の 3 つを融合させると、なんと「熱いマントルほどゆっくりと対流する」ということがわかったのです。そしてこのマントル対流の特性を理解すると、地球の進化に関するさまざまな謎が氷解することもわかりました。

　まず、**第 3 章**でも説明したように、マントルは中央海嶺の下で上昇する際に部分溶融を起こし、このときにできた液相が地表で固まって海洋地殻となります。マントルの温度が高いと、この部分溶融がより深部ではじまるため、より多くのマントルが融けることになります。これは岩石学を勉強したことのある人なら誰でも知っていることです。さて、マントルの中

にはさまざまな微量元素が含まれていますが、これらはたいていの場合、イオン半径が大きすぎるなどの理由により、かなり無理をして結晶構造に組み込まれています。ですので、マントルが部分溶融すると、これらの「不純物」は自由に行動できる液相の中へと大挙して移動するのです。この不純物の中には水も含まれるので、部分溶融した後のマントルにはほとんど水が入っていないことになります。そして——ここがたいへん重要なのですが——融けはじめる前のマントルと融けた後のマントルの粘性率をくらべると、融けて水が抜けてしまったマントルのほうが2桁も3桁も高い粘

図4.11 熱いマントルほど深くから融けて（図3.16）、分厚い化学的リソスフェアができる。化学的リソスフェアは水分が抜けて粘性率が高いので、分厚いプレートをつくることになる。分厚いプレートは変形しにくく、結果としてプレート運動が遅くなる。このようなマントルの部分溶融の効果を定量的に見積もると、25億年前のプレート運動は現在よりも少し遅かったことが推測される。

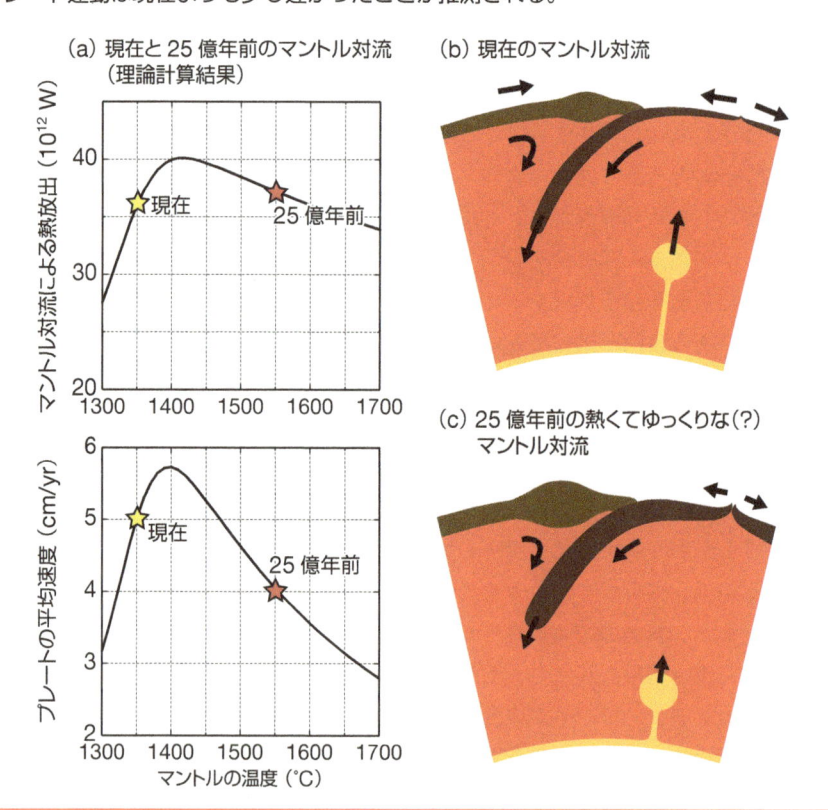

(a) 現在と25億年前のマントル対流（理論計算結果）

(b) 現在のマントル対流

(c) 25億年前の熱くてゆっくりな(?)マントル対流

性率を持つことが、岩石の変形実験で明らかになりました。マントルの粘性率は温度だけでなく、水の存在度にも敏感で、水が抜けるとマントルは硬くなるのです。

　ここで、前章の対流の物理のところで説明した境界層のことを思い出してみましょう。境界層の厚さは物質の粘性率に依存しますが、仮にマントルの粘性率が単純に温度だけで変化する場合は、熱いマントルは粘性率が低く、そのため境界層も薄いものしかできません。つまりマントルが熱いと、プレートが薄くなるわけで、薄いプレートは変形しやすく、対流がより活発になる、ということになります。いわゆる「標準モデル」における、熱いマントルほど激しく対流するという仮定は、このような物理に基づいています。しかし、実際のマントルは中央海嶺の下で部分溶融し、化学的に粘性率が変化します。より熱いマントルは、より深いところから部分溶融して水が抜けるために、マントル上部での粘性率が高くなり、その結果、境界層がより分厚くなります。つまり熱いマントルほどプレートが厚くなり、より変形しにくいプレートとなるため、マントル対流が全体的にゆっくりになるのです（**図 4.11**）。

## 熱くてゆっくりモデル

　もちろん、これはあくまで「そうなる可能性がある」ことが示されたにすぎません。マントル対流の本当の温度依存性を決めるには、まだ知られていない（特に下部マントルに関する）物性が多いため、現状ではまだ確定的なことはいえないのです。しかし「熱いマントルほどゆっくり対流する」と仮定すると、地球の冷却史をじつにすっきりと説明することができます（**図 4.12**）。

　まず標準モデルと違い、地球化学から決まっているマントルの化学組成を否定する必要がないので、地球物理学的にも地球化学的にも満足のいく理論になります。また、岩石学の研究から推定されている地球の冷却速度の変化と、じつに整合的です。地球が今より熱かった 30 億年前に特に目立った冷却がなかったということは、当時のマントル対流による熱散逸が内部熱源と同じレベルだった（釣り合っていた）ということを意味しています。これはとりもなおさず、マントルが熱くても活発に対流していなかったということを物語っているのです。また、超大陸がつくられる頻度といっ

**図 4.12** 新しいマントル対流の理論（図 4.11）による地球の冷却史の復元。マントルに含まれている放射性元素による内部熱源の影響も計算に含まれている。内部熱源の量は図 4.8 で使われているものと同じである。現在のマントルの温度も説明できるし、岩石学データから推定される過去のマントルの温度とも整合的である。

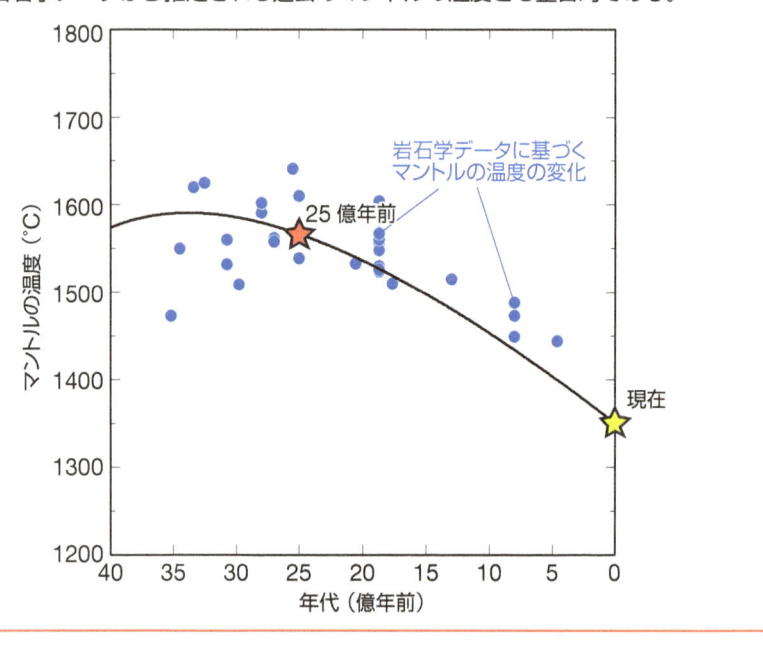

た地質学的な観測事実もよく説明します。標準モデルから予測される高速のプレートテクトニクスの痕跡がなぜ見つからないのか、という長年の疑問にも答えることができます。そもそも高速ではなかったのですから。このほかにも、一見何のつながりのなさそうなこと、たとえば大気中に存在するアルゴンやキセノンという希ガスの存在度も、じつは「熱いマントルほどゆっくり対流する」という法則を使うとうまく説明できることもわかってきました。

　昔のマントル対流は今よりも活発だったはず、という思い込みは、地球史に関するじつにさまざまな研究の基盤となってきましたから、見直すべき点は数多く存在します。新しいマントル対流理論による地球史の研究はまだはじまったばかりで、今後の発展がおおいに期待されるところです。このあたりは、プレートテクトニクスと表層環境の関係を考える際に（**第6章**）、また解説することにしましょう。

## 4.3 プレートテクトニクスのはじまりとそれ以前

### 冥王代にすでにはじまっていた？

「プレートテクトクニスはいつ頃からはじまったのか」という問題は、21世紀に入ると頻繁に議論されるようになりました。プレートテクトニクス理論が登場してから半世紀近く経って、ようやくそのような大局的な議論ができる段階に到達したということでしょうか。プレートテクトニクスのいちばん大切な特徴は「表面にあるプレートがマントルにもぐり込むこと」なのですが、同時に、この沈み込みによって昔の情報がどんどん失われてしまいます。そのため、先カンブリア時代のプレートテクトニクスについては、どうしても二次的な特徴、つまりプレートテクトニクスによって大陸に残される痕跡を頼りにせざるをえません。しかし、痕跡の解釈が地質学者によって異なることが多く、そのためじつにいろいろな仮説が提出されています（図 4.13）。

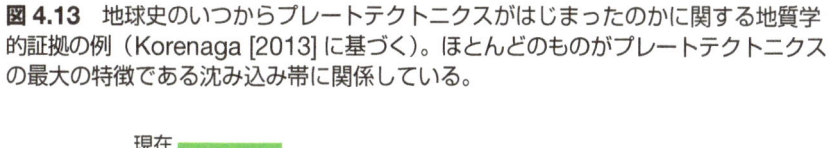

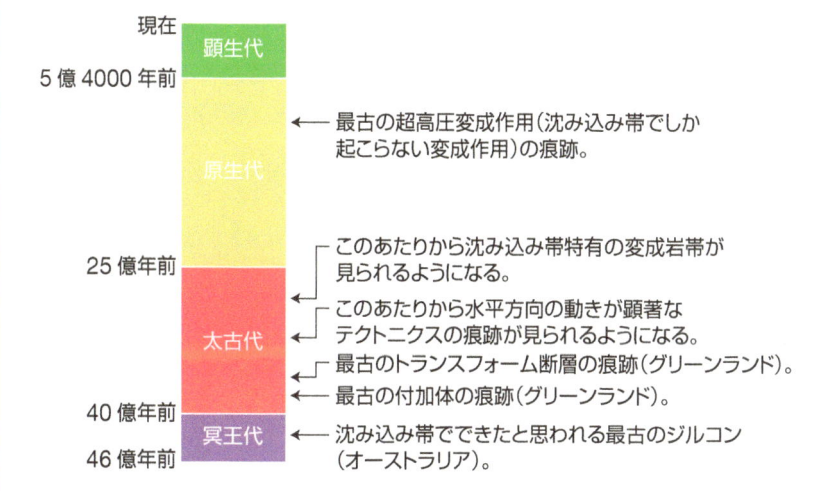

**図 4.13** 地球史のいつからプレートテクトニクスがはじまったのかに関する地質学的証拠の例（Korenaga [2013] に基づく）。ほとんどのものがプレートテクトニクスの最大の特徴である沈み込み帯に関係している。

- 現在
- 5億4000年前 ― 顕生代
- 原生代 ← 最古の超高圧変成作用（沈み込み帯でしか起こらない変成作用）の痕跡。
- 25億年前
- 太古代 ← このあたりから沈み込み帯特有の変成岩帯が見られるようになる。
- ← このあたりから水平方向の動きが顕著なテクトニクスの痕跡が見られるようになる。
- ← 最古のトランスフォーム断層の痕跡（グリーンランド）。
- ← 最古の付加体の痕跡（グリーンランド）。
- 40億年前 ― 冥王代
- 46億年前 ← 沈み込み帯でできたと思われる最古のジルコン（オーストラリア）。

極端な例では、約10億年前からはじまったといっている人もいます。ただ、これは現在のプレートテクトニクスが残すようなさまざまな痕跡のうち10億以上前になると出てこないものがあるから、というわりと短絡的な思考に基づいています。今の地球と昔の地球では内部温度がかなり違うのですから、昔のプレートテクトニクスが現在のものとまったく同じ痕跡を残すはずと期待することに、そもそも無理があります。

　前節で、超大陸ができるためには、複数の大陸の間にある海底が沈み込みによって消滅しないといけないので、超大陸の存在はプレートテクトニクスがあったことを示唆している、と説明しました。この論理からすると、最初の超大陸ケノアランドが誕生したのが27億年前ですから、少なくともその頃にはプレートテクトニクスはあったということになります。このほかにも、「**付加体（accretionary prism）**」といわれる、海底の堆積物が沈み込み帯付近で大陸につけ加えられた構造や、沈み込み帯で見られる独特の変成岩帯が、30億年前くらいまでは世界各地で見られます。このことから、少なくとも太古代の中頃にはプレートテクトニクスはすでにはじまっていたのではないか、と多くの地質学者は考えています。

　太古代のはじめの頃までさかのぼると、その年代の地質学的データが激減し、冥王代の年代の岩石は存在すらしていません。冥王代の年代を示す唯一の地球上の試料として、**ジルコン（zircon）**という風化されにくい鉱物があります。この鉱物の化学組成を説明するには冥王代にプレートテクトニクスが起こっていた必要がある、と主張する人もいます。冥王代のジルコンの研究によってほかにもおもしろい主張が続々と出てきていますが、この種の研究はまだ月日が浅いこともあり、それらの解釈がどの程度信頼できるものかはまだよくわかっていないのが現状です。いずれにせよ、プレートテクトニクスの起源の確固たる証拠を見つけるには、「二次的な副産物に頼らざるをえない」に加えて「過去にさかのぼるほどデータが少なくなる」という2つの難関をくぐり抜ける必要があります。今後の研究者の独創性に期待したいところです。

## 「プレートテクトニクス」と「硬殻対流」

　しかし、プレートテクトニクスが地球史の途中からはじまったとすると、それまでは何が起こっていたのでしょうか？　第3章で「プレートテクト

ニクスがなぜ起こっているのかを説明するのは、じつは難しい」と書きましたが、プレートテクトニクスの起源を考えるにあたり、まずこの難問に正面から向き合う必要が出てきます。

現にプレートテクトニクスは今地球上で起こっているので、起こって当然なことのように思うかもしれません。しかし、対流の物理を単純にマントルに適用すると、プレートテクトニクスは起こりえない現象になってしまいます。これまでも繰り返し触れてきましたが、マントルを構成している鉱物は温度に非常に敏感な粘性率を持っています。十分に熱いときは柔らかいものの、少し冷えただけでかなり硬くなるのです。「プレート」という概念は力学的なもので、表層付近の冷たくて硬いところを指していると説明しました。実際に鉱物の粘性率を使って計算してみると、プレートはその下のマントルよりも20桁も高い粘性率を持つことになります。粘性率がこれだけ高いと、沈み込み帯でプレートを曲げることができなくなり、プレートテクトニクスが起こらなくなってしまうのです。

この問題は、マントル対流の理論的研究により早くから指摘されてきました。マントル鉱物の粘性率を定量的に考慮して対流計算をすると、惑星の表面が頑丈な殻で覆われたようになってしまい、対流運動はマントル深部の温度が十分に高いところでしか起こらないのです（**図 4.14**）。このような対流を英語で **stagnant-lid convection** と呼びますが、適当な訳語が見当たらないので、この本では「硬殻対流」と呼ぶことにしましょう。マントルの粘性率の温度依存性を考慮すると、いちばん自然なタイプの対流は硬殻対流ということになってしまいます。惑星表面は冷たいからガチガチに硬くて変形しない、という説明は直感的にも理解しやすいのではないでしょうか。次章で詳しく説明しますが、太陽系内の地球を除くすべての地球型惑星では、この硬殻対流が起こっていると考えられています。これは別に不思議なことではなく、「地球で硬殻対流が起こっていない」ことのほうが不可解なのです。地球上ではなんらかの理由によって、マントルの粘性率が地表付近でもそれほど高くならないと考えるしかありません。しかし、なぜそうなのかについては現在でも議論が続いています。

地球は海があり生命も存在する特殊な惑星です。なぜ地球でプレートテクトニクスが起こるのかという問題は、このような表層環境と密接に関係していると思われます。ちなみにこれは筆者の仮説ですが、マントル対流

**図 4.14** 温度依存性の粘性率を仮定して、図 3.3 と同様の対流計算をおこなった例。一様に温かい流体を上から冷やすとどうなるかと示している（下にあるパネルほど時間が経過している）。ここでは温度がいちばん低いところがいちばん高いところにくらべると 2 桁高い粘性率を持つような温度依存性を仮定している。マントルの粘性率の温度依存性にくらべると、はるかに弱い温度依存性だが、それでも冷たい境界層はほとんど動かなくなり、プレートテクトニクスにはほど遠い「硬殻対流」となる。

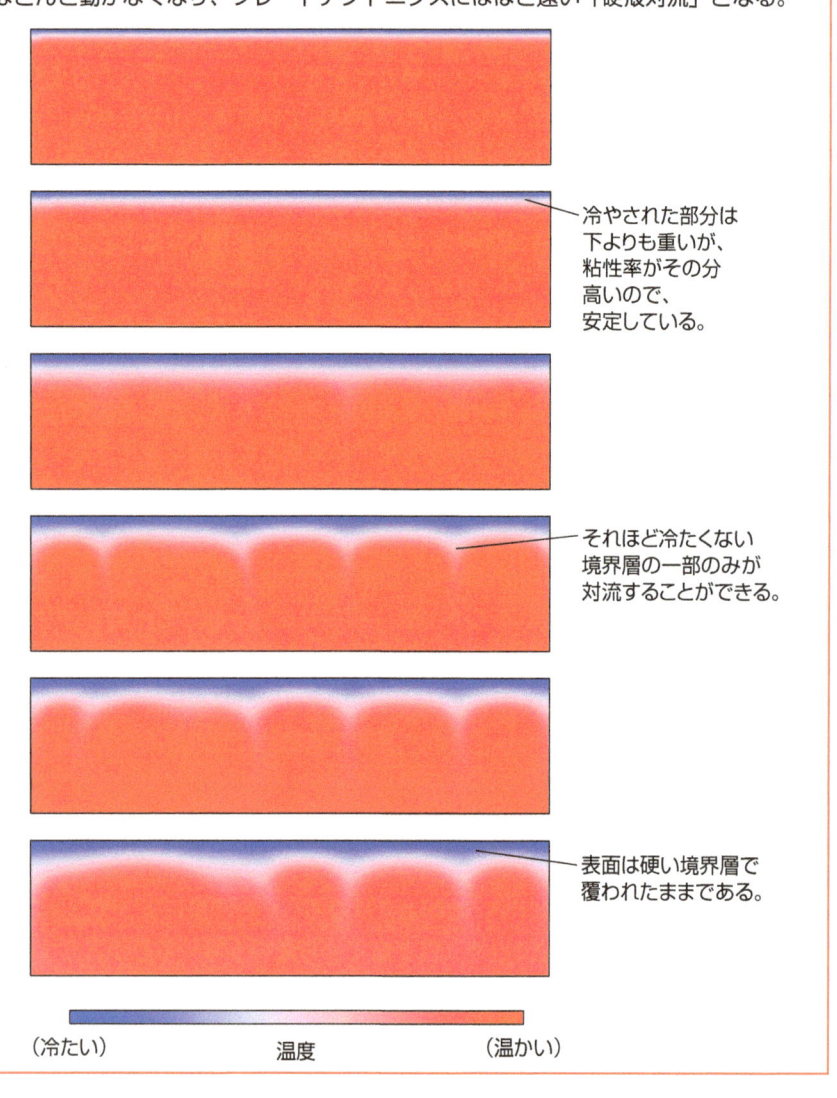

冷やされた部分は下よりも重いが、粘性率がその分高いので、安定している。

それほど冷たくない境界層の一部のみが対流することができる。

表面は硬い境界層で覆われたままである。

（冷たい）　　温度　　（温かい）

と海洋の進化がうまい具合にからまっていると、初期地球のマグマオーシャンが固化した直後から、つまり冥王代の時点ですでにプレートテクトニクスがはじまっていても理論的にはまったく問題がないのです。次章でほかの惑星について学んだ後に、この問題について再び考えることにしましょう。

## column　ケルビン卿と地球の年齢

　ケルビン卿として知られるウィリアム・トムソンは、19世紀の物理学界ではスーパースター的な存在でした。古典物理学のほとんどの分野に多大な貢献を残した偉大な科学者です。

　**第2章**で触れましたが、19世紀の後半にケルビン卿は、地球の年齢は数千万年程度という推定をして、当時の地質学者と大論争を巻き起こしました。それから間もなく放射性元素が発見されて、彼の推定が間違っていたことが証明された、というのは有名な話です。このエピソードは「弘法も筆の誤り」のように語られることが多いのですが、背景には彼一流の物理的思考があるのです。

　19世紀の地質学では、今も昔も同じ地質現象が繰り返し起こっているという「斉一説」という考えかたが主流で、「地球史がいつからはじまったのか」ということはほとんど問題にされませんでした。同じことが繰り返し起こっているので、はじまりも終わりも気にする必要がないわけです。しかし、熱力学第2法則を発見した物理学者であるケルビン卿は、そうは考えませんでした。延々と動き続けるものは「永久機関」と同じで、熱力学に矛盾します。彼は「有限の空間に存在するエネルギーは有限だから、太陽系の歴史は無限ではありえない」と考え、地球の年齢の推定にとりかかりました。

　彼は、地表での熱流量は地球の冷却史を反映していると考え、熱伝導の法則をもとに、地球の年齢を数千万年程度と見積もりました。また、彼は同時期に太陽の年齢も推定しています。太陽のエネルギー源として当時考えられていたのは、自己収縮によって解放される重力エネルギーしかありませんでした。太陽が解放できるすべての重力エネルギーを太陽が放射するエネルギーで割ってやると、どれだけ光り続けられるかが出てきますが、それもなんと数千万年だったのです。まったく独立した理論的考察から導かれた2つの年齢が一致したので、ケルビン卿はかなりの自信を持ったことでしょう。

　どちらの推定も放射性元素の発見からはじまった原子核物理の発展によって覆されることになりましたが、このような物理的な考えかた自体は地球科学ではとても大切なことなのです。

An Illustrated Guide to Plate Tectonics

# 第5章

# 地球以外の惑星にも
# プレートテクトニクスはあるのか

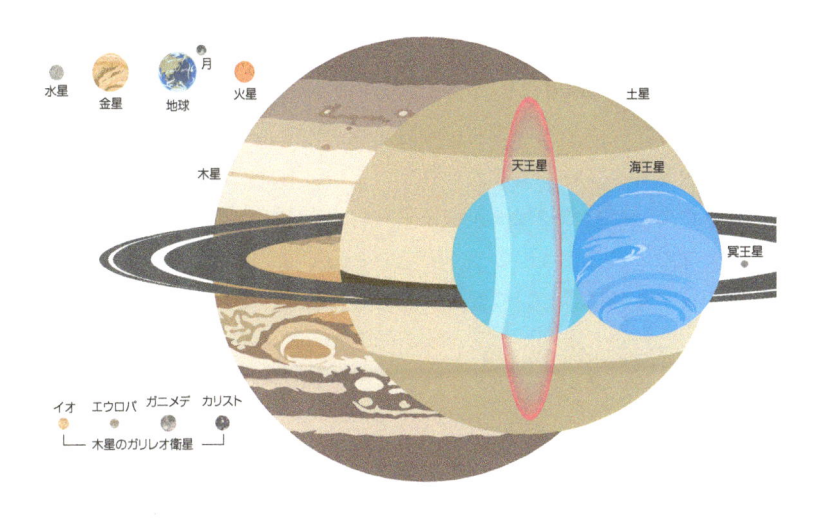

この章ではいったん地球から離れて、ほかの惑星のことを考えてみることにしましょう。ほかの惑星についてはかなりおおざっぱな観測しかできないため、物理や化学の原理を駆使して、内部構造や進化の歴史を推測しないといけません。地球では当たり前のように起こっている現象でも、ほかの惑星ではそうではないことが多いので、惑星科学を学ぶことは地球科学を深く理解するきっかけになるでしょう。また、地球がいかに特殊で不思議な惑星であるかも、この章を読めばよくわかると思います。

## 5.1 地球以外の地球型惑星たち

太陽系には水星、金星、地球、火星、木星、土星、天王星、海王星の8つの惑星がありますが（図 5.1）、水星から火星までの4つは主に岩石でできており**地球型惑星（terrestrial planets）**もしくは**岩石惑星（rocky planets）**と呼ばれています。木星と土星は**巨大ガス惑星（gas giants）**、天王星と海王星は**巨大氷惑星（ice giants）**と呼ばれ、大きさや化学組成がまったく異なる代物です。これら巨大惑星の進化は気体や氷の物理に支配されているため、岩石からできているマントル層の対流に支配されている地球型惑星とは区別して議論されます。なので「ほかの惑星にもプレートテクトニクスがあるかどうか」という際の「ほかの惑星」は、地球以外の地球型惑星のことを指しています。

前章で簡単に触れましたが、太陽系内の地球型惑星のうちプレートテクトニクスが確実に起こっているのは地球だけで、水星、金星、火星では硬殻対流が起こっていると考えられています。しかし、地球以外の惑星についてのわたしたちの知識は非常に限られたもので、これはあくまで推測にすぎません。また今は起こっていないとしても、過去に起こっていた可能性を否定するのは難しいのです。ここではまず、これらの惑星についてどの程度のことがわかっているのかを学ぶことにして、次節で各々の惑星を比較しながら、プレートテクトニクスの物理に迫ることにしましょう。

**図 5.1** 太陽系の惑星および主な衛星の大きさの比較。衛星は主に岩石でできており、なかでも木星のガリレオ衛星は地球型惑星と肩を並べるくらいの大きさを持つ。ちなみに、冥王星は長らく太陽系第9惑星として取り扱われてきたが、2006年から準惑星に分類されることになった。観測技術が進歩して、冥王星の軌道付近には似たような天体が数多く存在することが明らかになったためである。国際天文学連合が決めた惑星の定義は「惑星は太陽の周囲を公転し、その重力によって球形が維持できるほど大きく、その軌道からほかの天体を一掃していること」である。冥王星は最後の条件を満たさない。

5.1 地球以外の地球型惑星たち

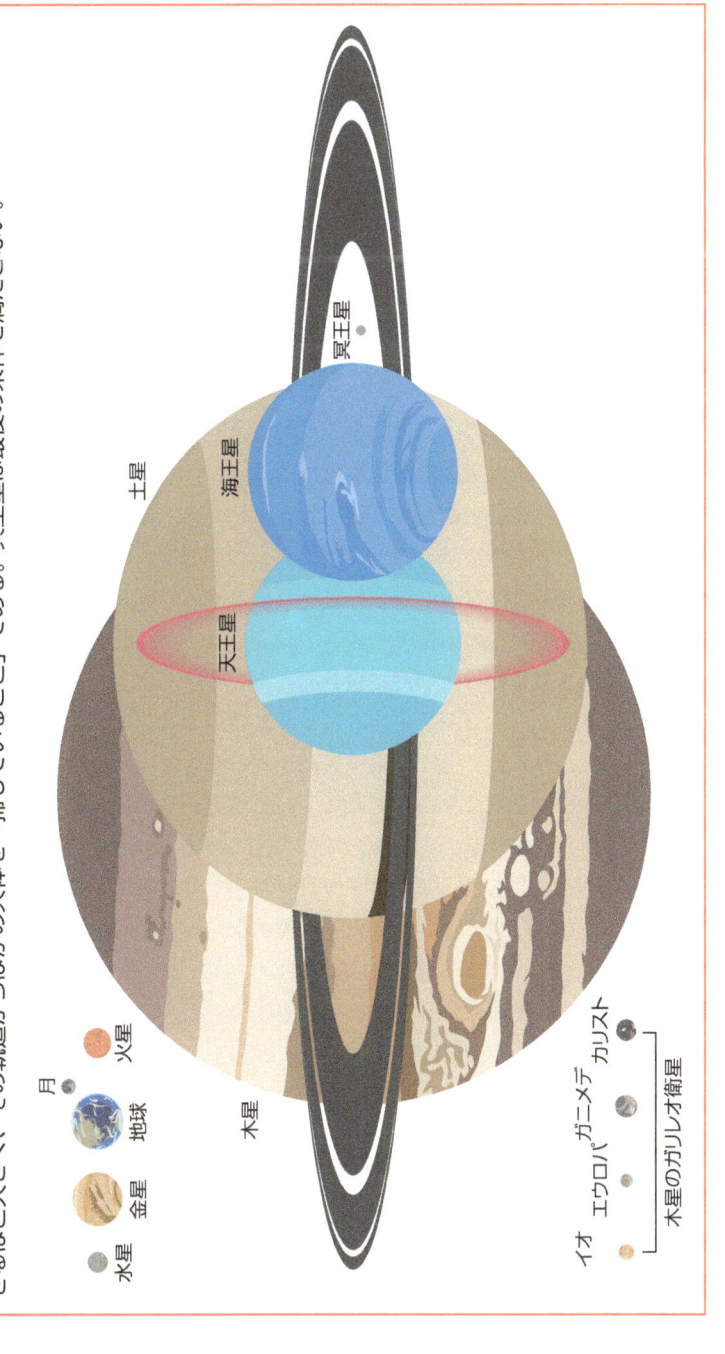

## 金星——地球の姉妹惑星？

太陽系内では**金星**（Venus）は地球にいちばんよく似た惑星で、質量は地球の約80％、体積は地球の約85％です。これらの値から平均密度も地球とほぼ同じということがわかりますから、同じような化学組成を持っていることも推測されます。しかし似ているのはこれくらいで、ほかの点ではかなり違います。

たとえば、金星の自転は、方向がほかの惑星とは逆で、周期も約240日と非常にゆっくりです（**図5.2**）。また、地球は自転による遠心力のために、赤道あたりが少し膨らんだ回転楕円体になっていますが、金星は自転がゆっくりなのでほぼ完全な球形です。このため、自転軸がふらふら揺れる歳差運動が金星では起こりません。

また、金星内部で質量がどのように分布しているか、たとえば一様に分布しているのか、それとも核のような高密度のものが中心にあるのか、といった基本的なことすらわかっていません。惑星内部の質量の分布は一般に、その惑星の慣性モーメントという物理量（密度分布と回転軸からの距離の2乗をかけ合わせて積分したもの）から推測できます。ただし、惑星の慣性モーメントを求めるには歳差運動を利用しなければなりません。前述のとおり、そもそも歳差運動が起こらない金星については、慣性モーメントがいまだにわかっておらず、質量分布もわからないのです。

金星におけるマントル対流や金星の核でのダイナモ運動（**2.3節**）を議論する際には、「地球と似たような大きさと密度だから、内部構造も似たようなものに違いない」という暗黙の仮定がされています。ちなみに、金星には地球のような惑星磁場がありません。地球と同じような金属核があると思われているにもかかわらず、少なくとも現在はダイナモ運動は起こっていないのです。

金星が地球と最も異なる点は表層環境でしょう。大気圧は地表で約90気圧あり、つまり地球の大気より90倍重い大気を持ち、しかもそのほとんどが二酸化炭素からなっています。二酸化炭素による温室効果のために、地表は500℃近い高温です。当然海は存在せず、表層の水はすべて蒸発していますが、大気中の水蒸気の濃度も0.002％とほんのわずかです。「水の惑星」とも呼ばれる地球とは対照的な、カラカラに乾いた惑星なのです。

**図 5.2** 金星と地球が似ているのは大きさだけ。そのほかに関してはありとあらゆる点で異なっている。

(a) 金星と地球の自転・公転方向

金星は自転周期（243日）が公転周期（224.7日）よりも長く、自転の方向（時計回り）が公転の方向（反時計回り）と逆である。

(c) 金星の大気成分

二酸化炭素 $CO_2$ 96.5%

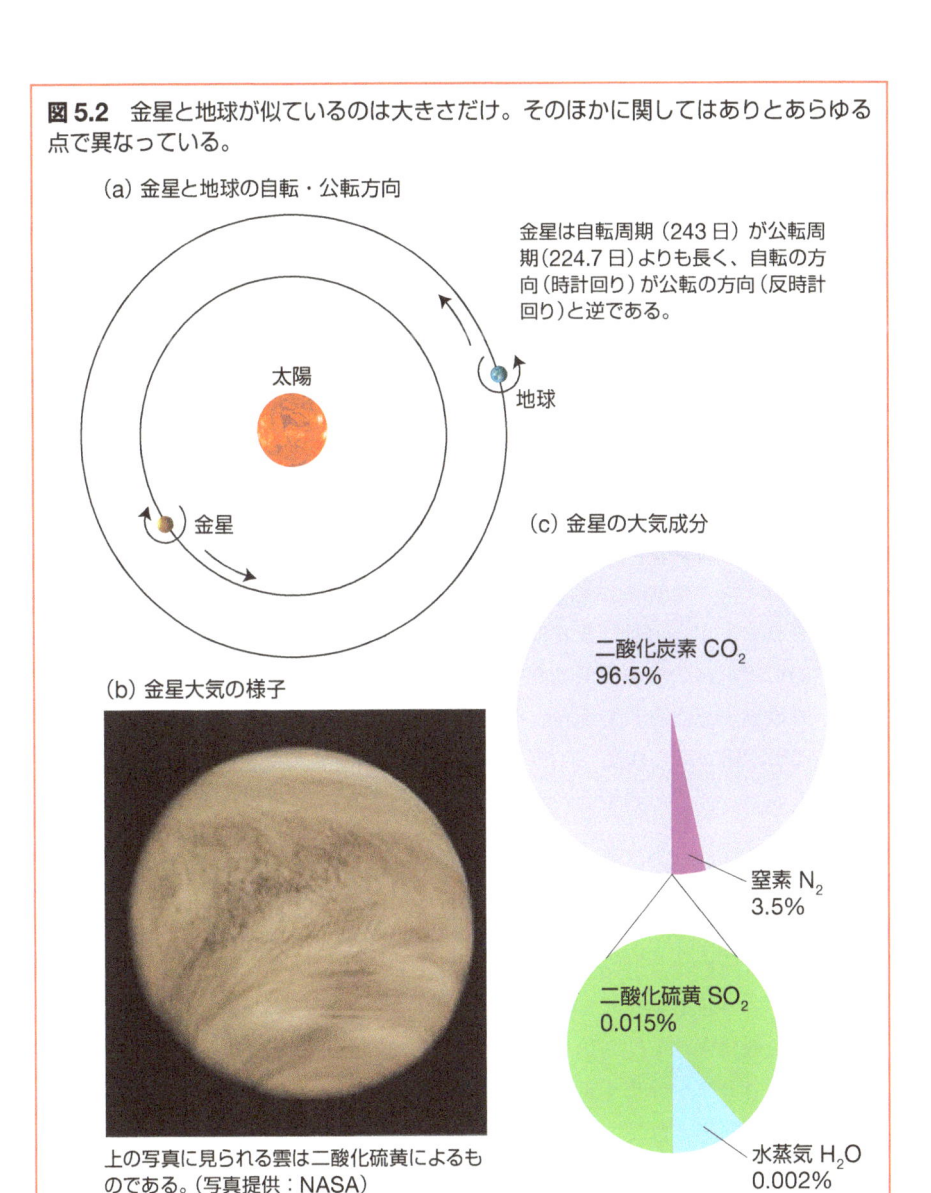

窒素 $N_2$ 3.5%

二酸化硫黄 $SO_2$ 0.015%

水蒸気 $H_2O$ 0.002%

(b) 金星大気の様子

上の写真に見られる雲は二酸化硫黄によるものである。(写真提供：NASA)

## 金星の表面はなぜ若いのか

　また、金星の地表は地質的にかなり若いということもわかっています。金星には多数の惑星探査機が送られてきましたが、月のアポロ計画のよう

に、地表の岩石の試料を地球に持ち帰ったものは今のところありません。また地表の温度が数百℃あるので、電子機器を用いた「その場測定」ができる環境でもありません。それではどうして金星の地表の年代がわかるのか、と不思議に思う人もいるでしょう。ここでクレーターの大きさがヒントになります。

　**クレーター（crater）**は、惑星間空間をさまよっている微惑星のような小さな天体が惑星に衝突した際にできる穴です。大きなクレーターをつくる大きめの天体ほど昔のうちにすでに衝突してしまっていて、今はあまり残っていません。ですから、大きなクレーターがたくさん見られる地表は昔できた地表で、小さなクレーターしか見られない地表は比較的最近できた地表である、と相対的な年代評価ができます。このようにして得られた地表年代を**クレーター年代**といいます。たとえば、月の地表は黒っぽく見える「海（mare）」と白っぽい「高地（highlands）」の2つに大きく分けられますが、前者は後者にくらべると大きなクレーターの数が格段に少ないので、月の海の部分は高地よりも後にできたものと推定できます。アポロ計画で月から持ち帰られた試料の年代測定によって、この推定が正しいことが確かめられました。この結果、クレーターの数をかぞえることによって、ほかの惑星の地表の絶対年代もある程度推定できるようになったわけです。

　さて、金星の地表はどの部分をとっても大きなクレーターがなく、一様に若い様相を示しています（**図5.3**）。これはいったい何を意味しているのでしょうか？　「地質年代が若い地表」は地球の海底を連想させます。実際、約5億年前まではプレートテクトニクスが金星でも起こっていて、古い地殻はすべて沈み込みで失われてしまったと仮定すると、クレーターの大きさ分布をうまく説明することができます。しかし、ほかにもいろいろな説が提唱されているので、クレーター年代とプレートテクトニクスの有無についての関連は定かではありません。金星は太陽系の中では最も地球に似ている惑星なのですが、観測事実があまりにも少なく、金星の進化に関してはほとんどのことが憶測の域を出ないのです。

**図 5.3** 金星は「若い」表面を持っている。

(a) 金星の地表の様子（写真提供：（左）NASA、（右）NASA/JPL）

金星の地表の様子は惑星探査機マゼランのレーダー測定によって明らかにされた。
マゼランのイメージは約 100〜250 m という高い解像度を持ち、クレーターや火山の分布の全貌が明らかになった。

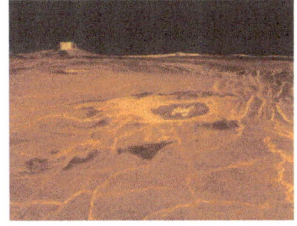

金星はいたるところ火成岩で覆われており、クレーターは小さなものしかない。

(b) 月の地表の様子（写真提供：（左）Luc Viatour / www.Lucnix.be、（右）NASA）

下の月の写真とくらべると、金星がいかに滑らかな地表を持っているかが実感できるだろう。金星は月よりもはるかに大きいので、月よりも多くの隕石に衝突されてきたはずである。それにもかかわらず、滑らかな表面を持っているということは、活発な火山活動によってクレーターの痕跡が消されてきたと考えると説明できる。

## 火星——昔は海があった？

　火星（Mars）は質量が地球の 10 分の 1 しかない小さな惑星です。地球とくらべると、火星は太陽から 50％遠いところにあり、その分日射量が小さいため、平均地表温度がマイナス 40℃という極寒の惑星です。金星と同様に大気のほとんどが二酸化炭素からなっているのですが、大気の質量は地球の 1％もなく、つまり大気自体が非常に希薄なため温室効果もほとんどありません。また、金星が分厚い二酸化硫黄の雲で覆われているため地

**図 5.4** 火星については惑星探査機からの情報だけでなく、火星起源の隕石という手にとって調べることのできる試料も存在する。

(a) 火星の地表の様子
 （写真提供：(左) NASA/JPL、(右) Malin Space Science Systems/NASA)

火星は北極、南極ともに氷が存在し、また下の写真に見られるような、川が流れてできた峡谷の痕跡が多数存在する。

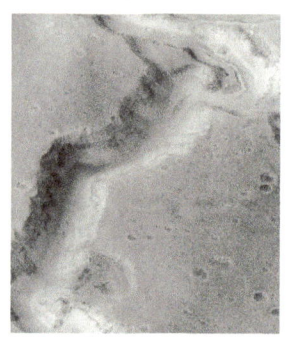

(b) 火星の内部構造

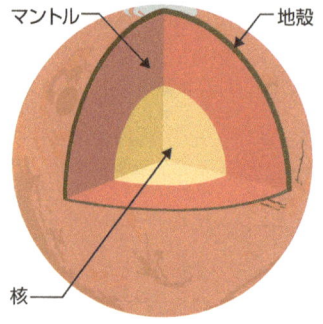

マントル　地殻
核

火星の内部構造は左図のように推測されている。地球のように地震学によってはっきり決められているわけではないが、火星起源の隕石という化学的な観測と、質量と慣性モーメントという物理的な観測の両方を満足する内部構造になっている。

(c) 火星起源の隕石のひとつである EETA79001（写真提供：NASA/JPL）

(d) EETA79001 のガス成分と火星の大気成分の比較（Wiens and Pepin[1998] に基づく）

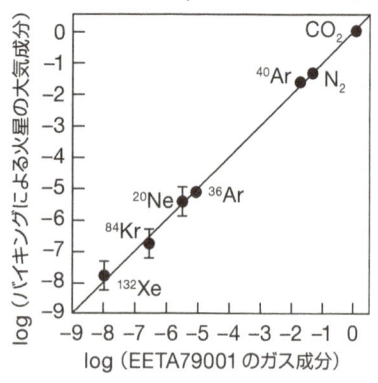

EETA79001 に含まれているガスが、惑星探査機バイキングによって計測された火星の大気と同じ成分を持っていたことから、火星起源の隕石だと判明した。

表の様子を把握できないのに対して、火星は地表の様子が地球からの観測でもわかる身近な惑星です。有名な H. G. ウェルズの SF 小説『宇宙戦争』に出てくるように「火星人」なるものが存在するかも、と考えられた時代もあるくらいです。タコのような火星人はいないにしても、火星に微生物のような生命は存在するのか、もしくは過去に存在していたのか、という議論は今でもなされています。というのも、火星の地表には、過去にかなりの量の水が液体の状態で存在していたということが、地形や表面鉱物の研究により判明しているからです（**図 5.4(a)**）。

　1960 年代から今日にいたるまで、火星には主にアメリカや旧ソ連から毎年のように探査機が送られてきました。実際に火星にたどり着いて観測できたのは約 3 分の 1 と、成功率はわりと低いのですが、それでもほかの惑星とくらべるとはるかによく調べられています。また、これまで地球上で発見された隕石の中には、火星起源のものと考えられているものが 100 個以上もあります。隕石にわずかに含まれている気体成分が火星の大気成分と一致するので、火星起源のものであると同定されました（**図 5.4(d)**）。着陸船やローバーといった無人探査機でも地表の化学成分はある程度測定できますが、やはり手にとっていろいろ調べることのできる試料があるというのはたいへん有利です。この火星起源の隕石の研究のおかげで、火星のマントルは地球のマントルにくらべると少し鉄が多いようだ、ということまでわかっています。自転周期も地球のそれと非常に近いため、金星の場合と違って慣性モーメントも測られていて、地球と同じように金属の核があるはずだということもわかっています（**図 5.4(b)**）。

　しかし火星起源の隕石の数は限られています。たとえば地球上から無作為に 100 個の石ころを拾ってきて、それをもとにして地球の歴史をひもとくことを想像してみると、どれほど困難な状況であるかが実感できるかもしれません。月での有人探査では、地質学の特訓を受けた宇宙飛行士が月の石を採集してきたわけですから、これとくらべると天と地ほどの差があります。金星にくらべると状況は格段によいとはいえ、地球のように地震学によって内部構造が詳細にわかっているわけでもありません。ですので、火星の歴史を考える際に大切な役割を果たすのは、やはりいちばんよく調べられているもの、つまり地形、重力、磁場といった惑星の全貌を見渡せる観測データです。

## 火星の地形と地殻の縞模様

　火星の地形は北半球と南半球でまったく様子が違います（**図 5.5(a)**）。北半球はクレーターの数が少なく、全体的になだらかな地形ですが、南半球は北半球よりも数 km も標高が高く、数多くのクレーターで覆われています。クレーターと地殻年代の関係を考えると、北半球の地殻のほうが南半球よりもずいぶんと若いことになるわけですが、これは何を意味するのでしょうか？

　金星の場合と同じように、プレートテクトニクスによって北半球の地殻がリサイクルされたのでは、と考える研究者もいました。しかし最近の研究では、北半球のなだらかな地形は、40 億年前に冥王星くらいの大きさの天体（質量は火星の約 2％）が衝突した際にできた巨大なクレーターの痕跡ではないかといわれています。太陽系ができた 46 億年前には、もちろん微惑星の衝突が頻繁に起こっていたわけですが、それがある程度収まった後、41 億年前から 38 億年前の間に再び隕石の衝突頻度が増えた時期があったことが、月のクレーターの研究からわかっています。これを**後期重爆撃期（late heavy bombardment）**といいますが、この時期に火星の北半球が巨大な隕石の衝突によって吹き飛ばされて、その後続けて起こった火山活動によって、新しい地殻ができたというわけです。

　また、火星には太陽系内でいちばん高い山である標高 26 km のオリンポス山があります。これは楯状火山（ゆるやかな斜面を持つ底面積の広い火山）ですが、火星を全体的に見ると現在の火山活動はきわめて限定されていて、地質的にはほぼ死んだ惑星と考えてもよいでしょう。

　このように見ていくと、火星ではプレートテクトニクスは起こらなかったと考えてもよさそうですが、そう簡単でもありません。現在の火星には、地球のような核のダイナモ運動による惑星磁場は存在しませんが、地殻の一部に非常に強く磁化されているところがあります。しかも磁化のしかたが、地球の海洋地殻に見られるような、正負が交互に現れる「縞模様」の形になっているのです（**図 5.5(b)**）。この磁気縞模様は南半球の古い地殻に特に顕著に見られます。現在の火星に惑星磁場がなくても、大昔の火星に磁場があった可能性は十分にあり、そのときにプレートテクトニクスが起こっていれば、地球上での海洋底拡大と同じ仕組みで縞模様ができても

**図 5.5** 火星の地形と地殻磁場の様子。半球規模で地形の特徴が大きく異なることは "Martian hemispheric dichotomy" と呼ばれる。火星には海がないため、「標高」は標高基準面からのずれとして定義されている。この基準面は、大気圧が 610.5 Pa（地球の大気圧の約 0.6%）となるところにとられている。

(a) 火星の地形図：南半球のほうが北半球よりも数 km 高く、クレーターも多く見られる。(NASA/JPL/GSFC)

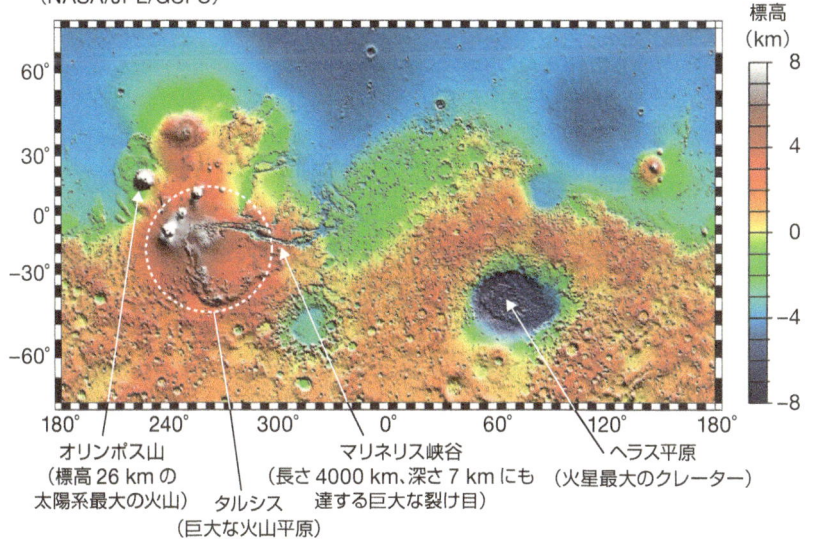

オリンポス山（標高 26 km の太陽系最大の火山）
タルシス（巨大な火山平原）
マリネリス峡谷（長さ 4000 km、深さ 7 km にも達する巨大な裂け目）
ヘラス平原（火星最大のクレーター）

(b) 火星の地殻磁場の様子（上の地形図と経度が 180 度ずれていることに注意）。Connerney et al. [2005] から引用。(Copyright 2005 National Academy of Science, U.S.A.)

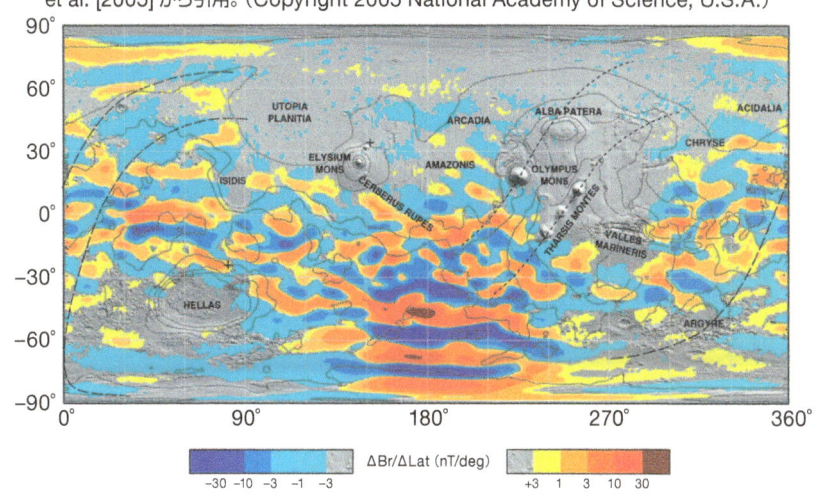

5.1 地球以外の地球型惑星たち

おかしくないわけです。火星は地球よりずいぶん小さい惑星ですが、太陽系初期の火星は地表に水があってプレートテクトニクスも起こっていたかもしれず、つまり今の地球にかなり似ていた可能性があります。

## 水星——依然として謎だらけの惑星

　水星（Mercury）は質量が火星の半分、つまり地球の質量の約5%しかなく、冥王星が準惑星となった今では太陽系内で最小の惑星です。また、水星の公転軌道は地球とくらべて3倍も太陽に近いので、地球から見ると水星はつねに太陽のすぐ近くにあります。太陽が眩しすぎるために、地球からの水星観測は非常に難しく、理解が最も遅れている惑星といってもい

> **図5.6**　メッセンジャーの軌道（NASAの図をもとに作成）。燃料節約のためにフライバイを6回繰り返して、水星周回軌道にようやく入った。地球から水星まで直線距離で最短1億kmほどだが、メッセンジャーは79億kmの軌道をたどって水星にたどり着いたことになる。しかし、その間も太陽風と惑星磁場との関係を調べたりするなど、さまざまな計測をおこなっていた。惑星探査は巨額の費用がかかる分、科学者もいろいろな知恵を結集する必要があるのだ。

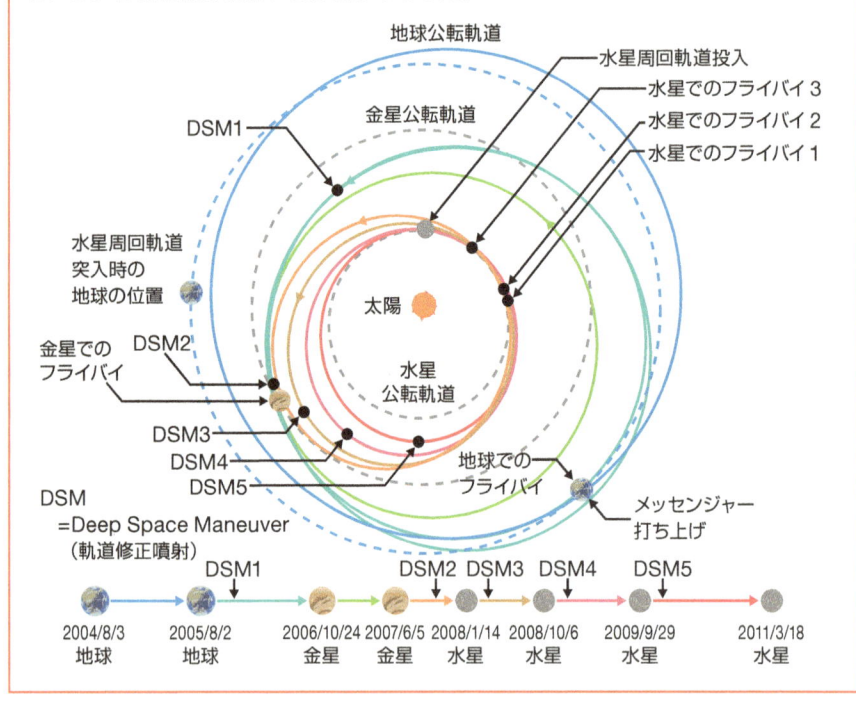

いでしょう。惑星探査機もこれまでマリナー10号とメッセンジャーの2機しか水星を訪れていません。太陽からの膨大な熱や電磁波による通信障害に加えて、水星の公転が速く、かつ太陽の重力が強いために探査機の軌道調整が難しく、水星探査は技術的にたいへん困難なのです。たとえばメッセンジャーは、2004年に打ち上げられた後、地球で1回、金星で2回、水星で3回のフライバイ（惑星の引力を利用して探査機の軌道を変更すること）を経て、2011年にようやく水星の周回軌道に入りました（図5.6）。

水星はほかの地球型惑星にくらべると、金属核の占める割合が異常に大きいことがわかっています（図5.7）。その理由については、激しい隕石衝突のためにマントル層の大部分が失われてしまったからとか、原始太陽の激しいエネルギー放出によって、表面の岩石層が蒸発してしまったからなどの諸説がありますが、実際のところどうだったかは解明されていません。そのほかにこれまでの地上観測や惑星探査によって、大気はほとんど存在しない、微弱だが地球と同じように惑星磁場がある、地質活動は水星の歴史を通じてわりと活発だったかもしれない、などといったことがわかっています。いかんせん観測データが少ないので、初期の水星でプレートテクトニクスがあったかどうかというような議論ができるレベルにはいたっていません。

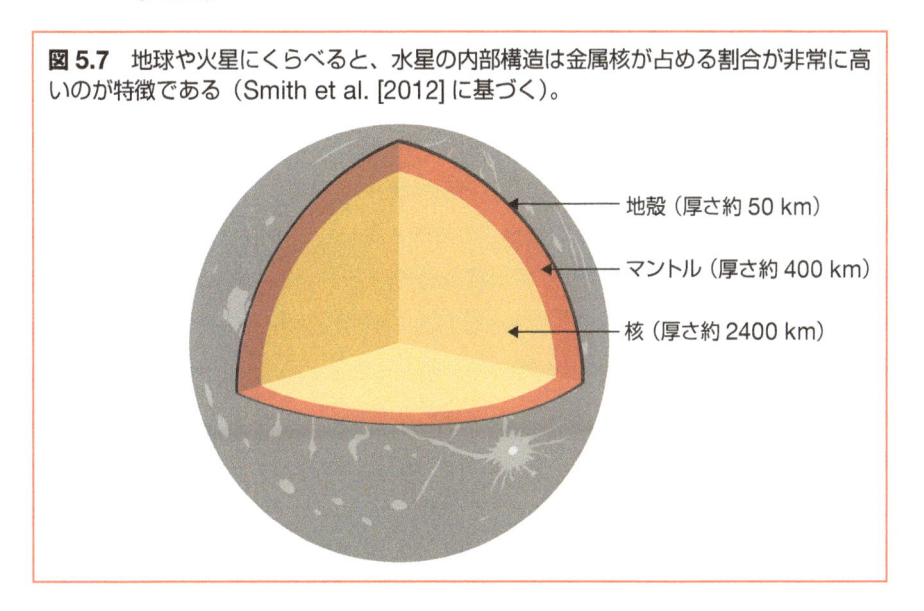

**図5.7** 地球や火星にくらべると、水星の内部構造は金属核が占める割合が非常に高いのが特徴である（Smith et al. [2012] に基づく）。

地殻（厚さ約 50 km）
マントル（厚さ約 400 km）
核（厚さ約 2400 km）

## 水星の氷と窪地の由来

　水星は太陽に近いため、地表温度は平均で200℃にもなります。しかし、太陽光がまったく当たらない低温の部分（永久影）もあり、そこに氷が存在していることが、これまでの研究で判明しています。氷が存在するだけなら、たまたま彗星によって運ばれてきた氷がいまだに残っているというだけのことかもしれません。しかし、メッセンジャーの探査で、水星の地表に多数の小さな窪地があることが発見されました。この窪地は、地殻に含まれていた揮発性物質が最近蒸発した痕跡だろうと推測されていて、もしそれが本当だとすると、たいへんおもしろい発見です。というのも、ふつうに考えると太陽のすぐ近くでつくられた惑星には揮発性物質はほとんど入らないはずなので、水星の地殻に揮発性物質が多く含まれているとすると、これまでの太陽系生成論に大幅な変更を加える必要がでてくるかもしれないからです。

　まだまだわからないことだらけの水星ですが、ベピ・コロンボという次の探査機の打ち上げも計画されているので、今後の発展が楽しみです。

# 5.2 比較惑星学と生命居住可能領域

　地球以外の惑星になると、そもそも観測できることがかなり制限されてしまうので、議論できることもおのずと限られてくることは前節で見たとおりです。しかしこの限られた知識を最大限に利用して、理論的考察と組み合わせることにより、地球だけを考えていたのでは得られない知見が得られます。このような研究を「**比較惑星学（comparative planetology）**」と呼びます。ここでは比較惑星学的な観点から、地球型惑星にプレートテクトニクスが起こるには何が必要なのかについて考えてみることにしましょう。

## 生命体の住める惑星・住めない惑星

　水星、金星、地球、火星は地球型惑星というグループの仲間ではあるのですが、それぞれかなり違っています。これらの惑星はなぜこうも違うの

でしょうか？　このことを考える際に大切になってくるのが**生命居住可能領域（habitable zone）**という概念です。この概念では、地表に液体の水を保持するためには太陽からどのくらい離れているべきかということが大切です。広い宇宙には水を必要としない生命体もいるかもしれませんが、地球外生命の話をするときでも地球上の生命を念頭に置くのが慣例です（地球外生命がまだ見つかっていないのでしかたありません）。

　地表に水が存在するための重要な条件として、惑星の表面温度があります。これは、単純に考えると太陽からの距離によって決まるはずです。太陽に近いほど高く、遠いほど低くなります。金星は太陽に近すぎるために熱すぎて、火星は遠すぎるので寒すぎて、その間にいる地球はちょうどいい、というわけです。この「地球はたまたまちょうどいいところにあるから生命が誕生できたのだ」という考えかたは、『3 びきのくま』というイギリスの童話（**図 5.8**）に出てくるゴルディロックスという女の子を引き合いに出して説明されることがあります。そんなにおもしろい話とは思えませんが、西洋ではたいへん親しまれている童話で、よく使われるたとえです。生命居住可能領域のことをゴルディロックス・ゾーンと呼んだり、地球のような惑星をゴルディロックス惑星といったりすることがあります。

　しかし話はそんなに単純ではありません。確かに太陽により近い金星は地球より熱いのですが、距離の効果だけを考えると、金星地表の絶対温度は地球より 17% 程度しか高くならないはずです。そうすると、現在の地球の平均地表温度は 15℃（絶対温度で 288 K）ですから、金星は 64℃（337 K）となるはずで、かなり高い平均気温ではありますが、生命がまったく存在できないレベルではありません。実際の金星の地表は前節で述べたように、大量の二酸化炭素による温室効果のせいで約 500℃ とはるかに高温になっています。つまり、惑星がどのような大気を持っているかによって、地表の温度予想が 1 桁も変わってくるのです。ところで金星は、1950 年代までは、人が住めるかもしれない惑星として SF 小説によく登場していました。金星を覆っている分厚い雲で太陽からの光が反射されて、太陽に近いけれどもそれほど熱くはないのではないか、と想像されていたからです。しかし実際には、金星の大気に含まれている二酸化炭素は、雲による反射効果を補ってあまりある温室効果を生んでいるのでした。

　このように、惑星の地表温度をある程度の精度を持って予想するために

**図 5.8** 『3 びきのくま』の話。ものすごく自分勝手な女の子の話だが、人気のある童話で、さまざまなバリエーションがある。

は、太陽からの距離だけでなく、大気の質量と組成、そして惑星の表面が（雲や氷などによって）どのくらい太陽光を反射するかということまで知る必要があるのです。たとえば、火星は重力が小さいために大気が宇宙空間に散逸しやすく、そのため現在では非常に薄い大気しか持っていません。もし火星の軌道に地球並みのサイズの惑星があって、二酸化炭素に富んだ大気を持っていれば、生命体にとって快適な気温を維持できる可能性もあります。

## 金星と地球の大気が違う理由

では、なぜ質量の似ている金星と地球がまったく違う大気を持っているのでしょうか？ 「炭素」という原子レベルで考えると、じつは地球にも金星と同じくらいの量の炭素があります。しかし金星ではほぼすべての炭素が二酸化炭素として大気に存在しているのに対し、地球ではほとんどの炭素が岩石の中に固定されているのです。この違いを説明するために、**暴走温室効果（runaway greenhouse effect）** というものがよく使われます。

水蒸気は二酸化炭素よりも強い温室効果を持っていて、大気中の水蒸気の量が増えると気温が上がります。すると、より多くの水が蒸発して、さらに気温が上がって、という正のフィードバックにより水蒸気の量と気温がどんどん上昇していきます。**図 5.9** に示したように、地球や火星のように太陽から十分離れていると、この正のフィードバックは途中で止まり、平衡状態に達するのですが、金星のように太陽に近くて日射量が大きいと、仮に最初に海があっても全部蒸発してしまうまで続きます。そして大気中にある水蒸気は大気圏上層で水素原子と酸素原子に解離して、水素原子はわりと簡単に宇宙空間に失われてしまうので、惑星大気が徐々に乾いていくことになるのです。すべての水が地表からなくなってしまうと、何が起こるでしょうか？ じつは炭素を岩石に固定する化学反応（ユーレイ反応、**6.2 節**参照）が起こらなくなり、大気中の二酸化炭素の量が上昇し、気温がさらに上昇してしまいます。この一連の過程をまとめて暴走温室効果と呼びます。

つまり、太陽から受け取るエネルギーの違いだけだと気温はそれほど大きく変化しませんが、その違いを増幅するような連鎖反応が起こるので、現在の地球と金星のようなまったく異なる惑星ができるというわけです。

**図 5.9** 暴走温室効果の仕組み（Rampino & Caldeira [1994] に基づく）。水蒸気の温室効果を考慮せず、地表温度が一定だと仮定しよう。地表の水（もしくは氷）が蒸発してできた水蒸気は、水（もしくは氷）と平衡状態に達するまで増え続け、地球の場合は点 A がこの平衡状態に対応する。しかし、実際には水蒸気の温室効果により地表温度が上昇するので、点 B のところで平衡状態に達するというわけである。火星の場合は温室効果が効いてくる前に平衡状態に達し、金星の場合は温室効果のために平衡状態に達することができず、すべての水が蒸発してしまう。

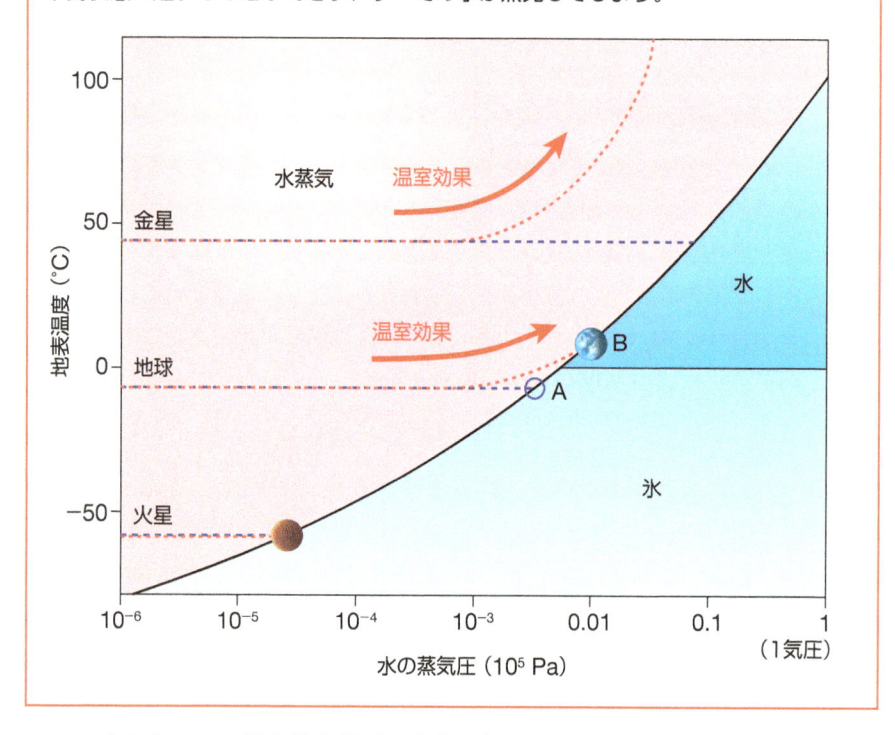

しかし、この暴走温室効果が本当に起こりうるのかどうかは、じつはまだよくわかっていません。この説はもともと 1950 年代に天文学者のフレッド・ホイルが提唱したもので、それ以来多くの研究者によってさまざまな改良がなされてきました。ただし、今のところ大気科学の範疇での議論が多く、地球システム全体を見渡した研究はまだまだこれからです。特に大気の進化とマントル対流がどのように関係しているのかについては、詳しいことはほとんどわかっていません。しかし、これはプレートテクトニクスがいつ起こりうるかという問題を考える際にとても重要なことなのです。いくつかヒントのようなものはこれまでの研究で得られていますので、次

にそれを見てみることにしましょう。

## マントル対流と惑星大気

　プレートテクトニクスと硬殻対流との根本的な違いは何でしょうか？　それは、プレートテクトニクスでは、地表にあるものが沈み込みによってマントル深部に運ばれるということです（**図 5.10**）。硬殻対流では、中央海嶺火山や島弧火山といったプレート境界が必要な火成活動は起こりませんが、マントルプリュームによる火山はできます。つまり、どちらの様式のマントル対流でもなんらかの火山活動は起こるわけで、その際にマントル内にある水や炭素、希ガスといった揮発性成分が大気中に放出されます。次章で詳しく説明しますが、地球型惑星の大気は基本的に、マントルから

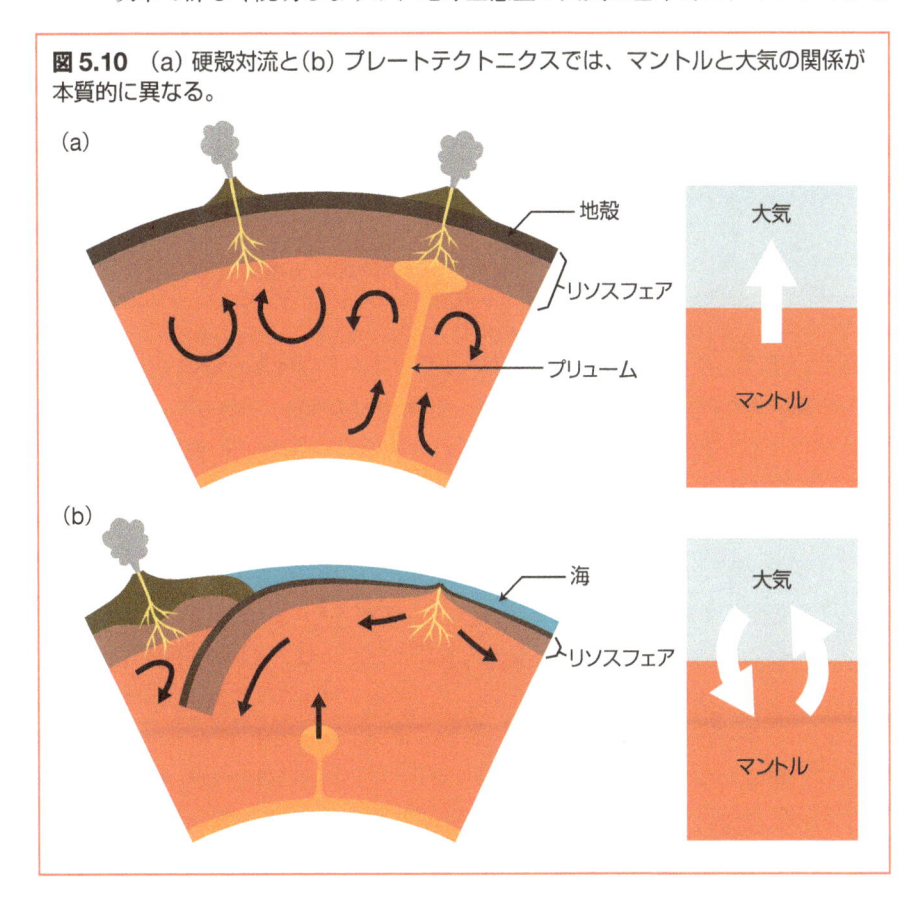

**図 5.10**　(a) 硬殻対流と (b) プレートテクトニクスでは、マントルと大気の関係が本質的に異なる。

少しずつ放出されているガス成分が長い年月をかけてたまったものなのです。硬殻対流ではこのガス成分はマントル内部から大気への一方通行で単純なのですが、プレートテクトニクスではいったん地表に出たものがまた戻る可能性があり、そのため話がおもしろくなります。

　たとえば前節で述べた金星と地球の大気の違いに注目してみましょう。惑星ができたばかりの頃どうなっていたかを考えると、マントル対流がとても大切な役割を果たす可能性に気づきます。**第1章**でも触れましたが、初期地球はマントルのほとんどが融けているマグマオーシャンだった可能性が高く、この頃はほとんどの揮発性成分が大気中にあったはずです。つまり初期地球の大気は今よりもずっと質量が大きく、金星のように二酸化炭素だらけだったかもしれません。しかし、マグマオーシャンが冷え固まり、大気中の水蒸気が雨となって海をつくると、ユーレイ反応によって大気中の炭素が岩石に固定されはじめます。このときプレートテクトニクスがはじまっていると、岩石に固定された炭素はプレートの沈み込みとともにマントル深部に運ばれ、大気中の二酸化炭素の量を大幅に減らすことができます。つまり、金星と地球の大気の違いは、プレートテクトニクスが起こったかどうかによって生じたものかもしれないというわけです。

## プレートテクトニクスと海のつながり

　では、どうして地球ではプレートテクトニクスが起こるのでしょうか？**第4章**の最後で軽く触れましたが、これはまだ解決されていない問題です。しかし、多くの研究者は、決め手は水の有無ではないかと考えています。といっても、みなそんなに深く考えているわけではなく、金星や火星には海がなくてプレートテクトニクスもない、しかし地球には海があってプレートテクトニクスがある、という比較惑星学的な考えかたをもとにした単純な推測にすぎません。確かに、水がなくてもプレートテクトニクスが起こっている惑星が太陽系内には存在しないというのは、大切な観測事実ではあります。しかし、なぜ水があるとプレートテクトニクスが起こりうるのかという肝心のところはまだよくわかっていないのです。

　**第4章**で述べたとおり、プレートテクトニクスが起こるためには、地表近くのマントルの粘性率が十分に低くなければなりません。たとえば、マントルの中に水が少しでも存在すると粘性率が大きく低下しますが、地表

に海があっても、それとマントル内の水の量との間に直接の関係はありません。そもそも地表近くにあるマントルは深部から上昇する際に起こる部分溶融のために枯渇したマントルですから、ほとんど水が入っておらず、非常に高い粘性率を持つはずなのです。

地表近くのマントルがプレートテクトニクスを起こすほど柔らかくなるには、海の水がなんらかの方法で、地下数十kmの深さまでしみ込む必要があります。ふつうに考えると起こりそうもないのですが、**熱クラック (thermal cracking)** が生成されるなら可能かもしれません（図 5.11）。マントル上部が冷えながら熱境界層が成長する際、熱収縮により非常に強い応力が生じ、そのためにかなり深いところまで亀裂が入る可能性があり、この亀裂を熱クラックといいます。これは熱いガラス容器に冷水をかけると割れてしまうのと同じ原理です。熱クラック以外にも海の存在とプレートテクトニクスを結びつけるものがあるかもしれませんが、その発見は今後の研究の発展にかかっています。

さて、話を簡単にするために、海があるとそれによって地表近くのマントルが柔らかくなり、プレートテクトニクスが起こるとしましょう。プレートテクトニクスと硬殻対流のいちばんの違いは表層物質が惑星深部にリサイクルされることだと述べましたが、表面の冷たいものが熱いマントル深

図 **5.11** 熱的リソスフェアが成長する際に生じた亀裂を伝って海水がマントルにしみ込んでいる可能性がある（Korenaga [2007a] に基づく）。理論計算によると、熱クラックは熱的リソスフェアの中でも特に硬い上部で起こると予想されている。

部に運ばれるので、プレートテクトニクスのほうがマントルをより効率よく冷やすことにもなります。硬殻対流では熱いマントルを分厚い境界層が一様に覆っているので、冷えにくいわけです。じつは、この冷えかたの違いは惑星磁場の存否にかかわる問題です。

　第2章で、外核内の対流によって地球磁場が生成されていることに触れましたが、この対流は、マントルによって外核が冷やされることで起きています。逆にいうと、マントルが冷えないと外核も冷えず、外核の中で対流が起こらず、磁場もできないということです。このつながりを知っていると、硬殻対流とプレートテクトニクスでは、後者のほうが惑星磁場をつくりやすいということが理解できると思います。

　さて、なぜここで磁場の話をしているかというと、じつは海の存在にと

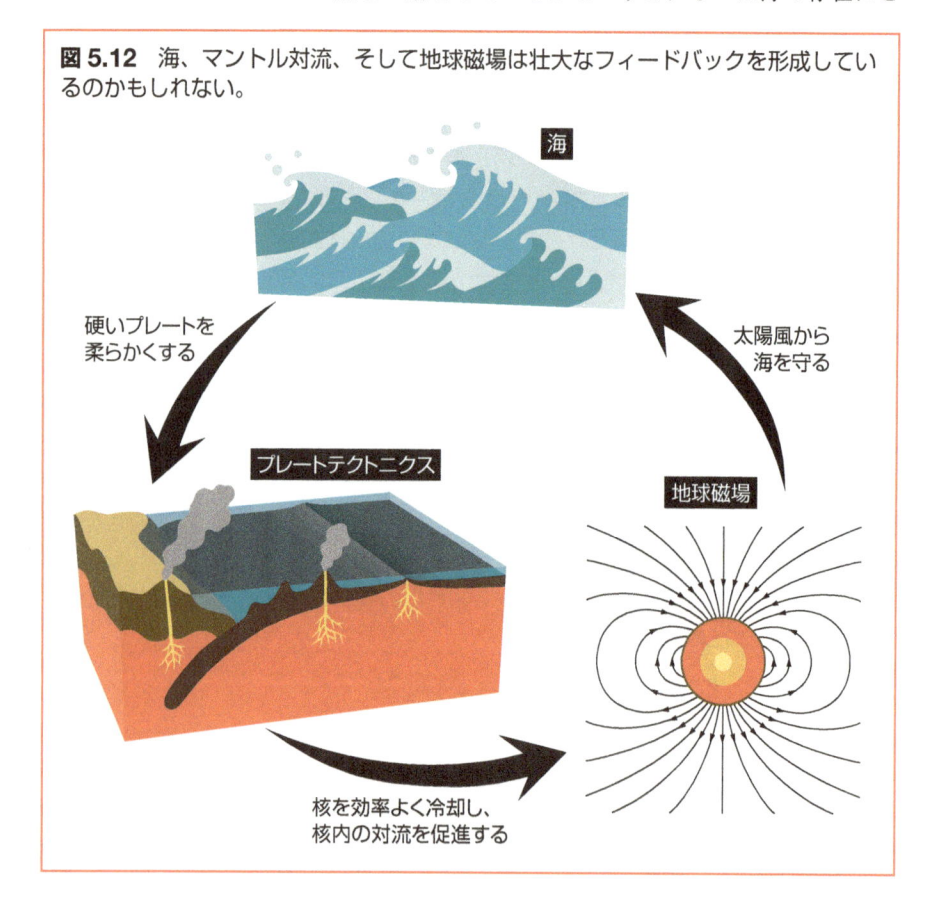

**図5.12**　海、マントル対流、そして地球磁場は壮大なフィードバックを形成しているのかもしれない。

ても重要かもしれないと考えられているからなのです。惑星磁場による強い磁気圏があると、**太陽風（solar wind）**（太陽からつねに放出されている高エネルギーのプラズマの流れ）が惑星大気（もちろん水蒸気を含む）をじわじわとはぎとるのを防ぐことができるという考えかたです（図 5.12）。なんだか、「風が吹けば桶屋が儲かる」みたいな話ですが、海があるとプレートテクトニクスが起こり、それにより外核で対流が起こって磁場をつくり、その磁場によって海が守られる、というフィードバックがあるかもしれないのです。これが正しいとすると、はじめに海をつくれるくらいの十分な水が地表に存在したか否かによって、惑星のその後の一生が決まってしまうのかもしれません。

## 水の起源

　では、金星には昔から水がなかったのでしょうか？　そのためにプレートテクトニクスが起こらなかったのでしょうか？　今の金星に水がほとんど存在しないのは前にも触れたとおりなのですが、じつは昔はかなりの量の水があったはずだと推測されています。これは金星大気中にわずかに存在する水素原子の同位体のデータに基づいています。

　そのデータに触れる前に、水素原子の同位体について簡単に説明しましょう。ふつうの**水素（hydrogen）**原子は陽子1個と電子1個からなりますが、**重水素（deuterium）**にはさらに中性子が1個あります。ふつうの水素と重水素を互いに同位体といいます。自然界に存在するほとんどの水素はふつうの水素なのですが、0.01％くらいの割合で重水素が混ざっています。重水素の量をふつうの水素の量で割った同位体比を、それぞれの頭文字をとって D/H 比と呼びます。

　金星の大気の D/H 比は地球の大気（海も含む）の D/H 比にくらべて100倍以上も高いことがわかっています（図 5.13）。これは何を意味しているのでしょうか？　重水素は水素の2倍の質量を持つためより蒸発しにくい、ということがここでは大切になります。昔の金星に地球の海と同じ D/H 比を持つ海があって、それがどんどん蒸発していったとすると、今の金星大気の D/H 比は地球のそれよりもずっと高い値を示すことになり、観測値をうまく説明できるのです。実際どのくらいの水があったのかについては議論が分かれるところですが、地球と同じような海があってもいい

**図 5.13** 太陽系の D/H 比の分布。太陽では核融合が起こっているため、ほとんどすべての重水素が核融合で消費されてしまっている。むしろ、木星や土星の大気のほうが原始太陽系ガスの D/H 比を維持しているのである。ガリレオ探査機によって計測された木星大気の D/H 比は、核融合を考慮して現在の太陽の化学組成から逆算した値とほぼ一致する。金星、火星の場合は現在の大気の D/H 比を示している。

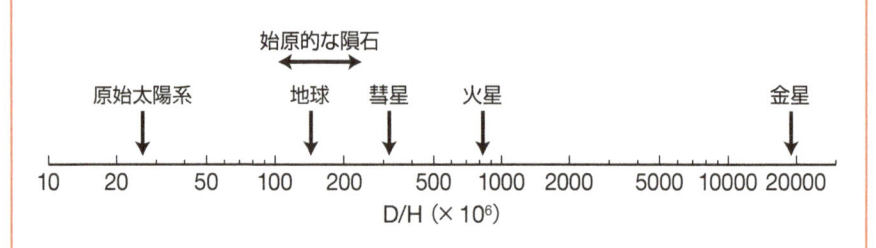

[図: 太陽系のD/H比の分布を示す数直線。原始太陽系、地球、始原的な隕石、彗星、火星、金星の位置が示されている。横軸 D/H (×$10^6$)、10から20000の範囲]

とする研究者もいます。とすると、金星にはかつて海があって、プレートテクトニクスが起こっていたけれども、水の蒸発を防ぐことはできなかったということなのでしょうか？ それとも、海はあったけれども、プレートテクトニクスは起こらなかったのでしょうか？ この疑問に答えられるようになるまでには、まだまだ時間がかかりそうです。

　また、地球には今も昔も海がありますが、なぜ地球に海があるのかということは、じつはよくわかっていません。海がないとつくられることのない堆積岩が 35 億年前までさかのぼっても存在していることから、大昔にも確かに海が存在したことがわかっています。それ以前になると、そもそも岩石自体がほとんど存在していないので証拠に乏しくなるのですが、冥王代のジルコンに含まれる酸素同位体の研究から、44 億年前にはすでに海があっただろうと推測されています。つまり、地球はその長い歴史の間にほぼずっと海を持っていたことになりますが、太陽系生成論から考えると、これはけっこう不思議なことなのです。というのも、熱い原始太陽系が冷える際に結晶化した鉱物が集まって微惑星となり、それらがさらに集まって惑星となるのですが、地球や火星よりもずっと太陽から離れているところでないと、温度が高すぎて水が結晶化しないのです。

　では、地球にある水はいったいどこからやってきたのでしょうか？ 少なくとも 3 つの可能性が指摘されています。ひとつめは、原始太陽系に充満していた始原的な水素が地球の重力で捕獲され、その後になんらかの方法で酸化されて水になったという可能性です。あるいは、火星の外側にあ

る小惑星帯くらいまで太陽から離れると、水を含んだ微惑星ができるようになるのですが、そのような微惑星の軌道が乱れて地球に衝突し水をもたらしたのかもしれません。原始太陽系で惑星が生成されている間には、重力場が絶えずかく乱されているため、微惑星の軌道が不安定になる可能性はとても高いのです。3つめの可能性は、微惑星の代わりに彗星が衝突したというものです。彗星はほとんど氷でできているので、大きな彗星が何回か衝突すれば、それなりの量の水を地球に運ぶことになります。

どの可能性もそれなりに説得力があるのですが、先にも述べたD/H比を見てみると、微惑星起源説がいちばんもっともらしく思えます（**図5.13**）。地球の水のD/H比は原始太陽系と彗星の値のちょうど真ん中あたりにあり、始原的な隕石に含まれる水のD/H比にいちばん似ています。始原的な隕石は小惑星帯からやってきたと考えられていて、微惑星の化学組成を最もよく反映している試料です。もちろん、原始太陽系の水素と彗星の水をうまい具合に混ぜても、地球のD/H比を再現することはできるのですが、ほかの元素の同位体比も合わせて検討してみると、隕石起源が最も確からしいとされています。ただし、初期地球で起こりうるさまざまな現象については、まだよく理解されていませんから、水の起源について確定的なことをいうのは難しいのです。今後の研究に期待しましょう。

## 5.3 太陽系外惑星の研究

さて、これまでは太陽系内にある地球型惑星を考えてきましたが、最後に、ほかの恒星のまわりを回っている惑星について見てみましょう。このような惑星を「**系外惑星（extrasolar planets または exoplanets）**」と呼びます。1988年に最初の例が発見されて以来、加速度的に検出技術が向上して、今では1000以上の系外惑星が見つかっています。

### 光度変化による検出

系外惑星の検出にはドップラー効果を利用したり、重力マイクロレンズを使ったりとさまざまな方法がありますが、直感的に理解しやすいのは、恒星の周期的な（ほんのわずかな）光度変化を使うトランジット法でしょ

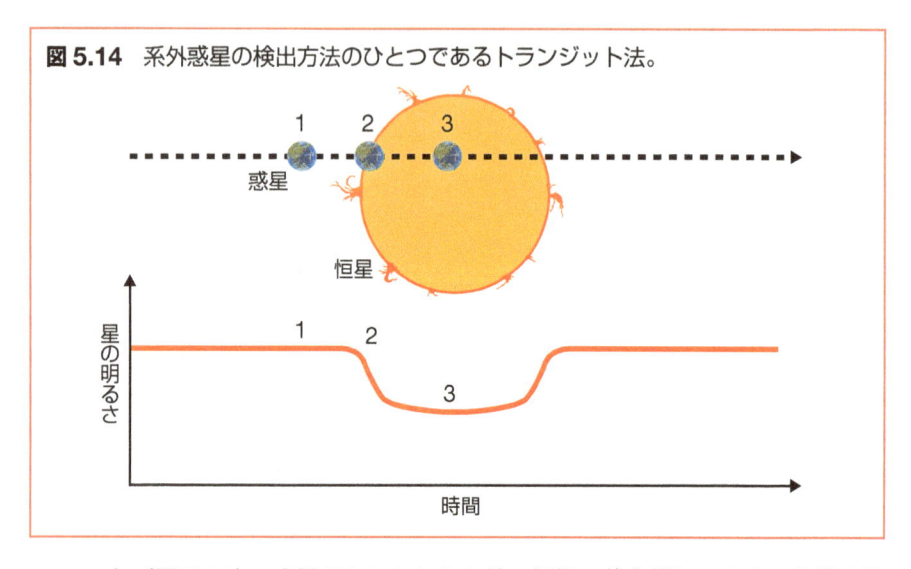

**図 5.14** 系外惑星の検出方法のひとつであるトランジット法。

う（**図 5.14**）。惑星がわれわれから見て恒星の前を横切るような軌道を持つ場合、横切る際に恒星の光を遮るので、恒星の光度が少し減少します。ほんのわずかな変化ですが、惑星は恒星のまわりを規則正しく回っているので、何回も同じ変化が起こります。微弱な変化でも何回も規則正しく起これば、確かな信号として同定できるようになります。2012 年 6 月に金星の日面通過という、太陽の前を金星が通過する非常に珍しい天文現象が起こりましたが、実際に見た人はどのくらいいるでしょうか？ 筆者には大きめの黒点のようにしか見えませんでしたが、それでも太陽の光を少しだけ弱めていることには変わりありません。系外惑星の検出はこのような非常に微弱な変化を頼りにしているのです。

## 系外惑星発見以後の比較惑星学

　系外惑星の発見によって、惑星科学はまったく新しい時代を迎えたといっていいでしょう。ほかの恒星にもわれわれの太陽系と同じような惑星があるに違いないと長い間思われてきましたが、実際どのような惑星があるのかは想像の域を出ませんでした。さまざまな系外惑星の発見によって、従来の太陽系生成論が不十分であることもわかってきて、まさに日進月歩の発展が見られる研究分野です。1990 年代までは木星くらいの大きさがないと見つけられませんでしたが、最近では地球型惑星もけっこう発見されて

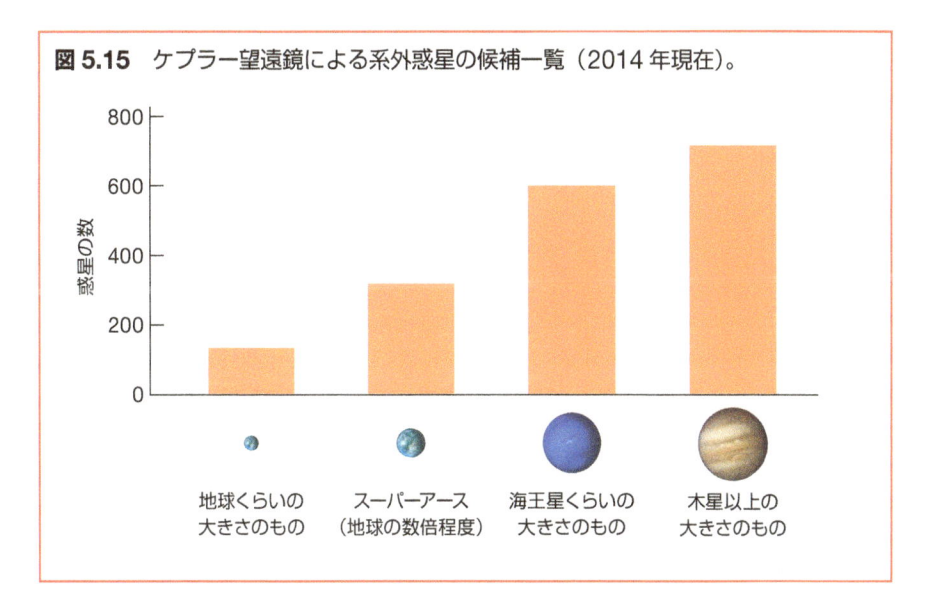

**図 5.15** ケプラー望遠鏡による系外惑星の候補一覧（2014 年現在）。

います。特に 2009 年に打ち上げられたアメリカのケプラー宇宙望遠鏡によって地球型惑星の検出率は急上昇し、生命居住可能領域にある候補もすでにいくつも挙がっています（**図 5.15**）。惑星の検出だけでも困難な作業ですが、今では惑星の大気成分をも検討できる段階にきているほどです。

　系外惑星の研究は対象となる惑星の数が多いのが魅力で、究極の比較惑星学といえます。しかし、これらの惑星の進化論を考える際に大切な物理過程の理解は、まだ十分に進んでいません。ほかの惑星に生命が存在しうるかどうかを議論するためには、まず地球という惑星がどのように機能しているかを理解することが先決です。プレートテクトニクスというマントル対流が大気海洋システムとどのように相互作用しているのか、マントル対流とコア対流の関連とそれによる磁気圏の進化など、基本的な部分ですら難問が山積みです。しかし、こういった複雑な地球システムの総合的な理解こそ、宇宙における生命の誕生という壮大な問題を考える際に決定的に大切になってくることなのです。ほかの惑星とくらべると、地球の研究はデータの豊富さでは圧倒的に有利です。というわけで、次章ではプレートテクトニクスと地球システムのかかわりについて見てみましょう。

## column　海がないのに海洋地殻？

　地球には海洋地殻と大陸地殻の2種類の地殻があります。金星や火星にも地殻がありますが、じつは地球でいうところの海洋地殻しか存在しません。火星の南半球は北半球よりも標高が高いため（図5.5）、大陸のように見えるかもしれませんが、地殻はどちらの半球でも玄武岩質の海洋地殻です。海がないのに海洋地殻というのは変な感じがしますが、海洋地殻ができるために海は必要ありません。海がないとできないのは大陸地殻のほうなのです。

　第3章で、中央海嶺下のマントルの部分溶融によって海洋地殻がつくられることを説明しましたが、大陸地殻がどのようにしてつくられるかについては触れてきませんでした。というのも、じつはまだよくわかっていないからです。これまでの研究から、マントルを融かしただけでは玄武岩質のマグマにしかならず、海洋地殻しかつくれないことがわかっています。大陸地殻は上部が花崗岩、下部が玄武岩でなっており、平均すると安山岩的な化学組成を持っているのですが、そのようなマグマはマントルの部分溶融ではつくれないのです。大陸地殻をつくるには、まず玄武岩質の海洋地殻をつくってから、それをなんらかの方法で安山岩質の大陸地殻に「加工」しなければいけません。

　その加工に必要なのがプレートテクトニクスによる沈み込み帯である、と多くの研究者が考えています。沈み込むプレートの脱水作用によって島弧火山ができる際には（図3.14）、中央海嶺下での部分溶融よりもはるかに複雑なことが起こるからです。しかし、複雑な現象なので理論的計算も難しく、観測データの解釈も込み入った議論が必要になるということで、大陸地殻の起源に関してはまだ決定打が出ていません。

　いずれにせよ、大陸地殻をつくるにはプレートテクトニクスが必要、プレートテクトニクスを起こすには海が必要、ということで、海がないと大陸地殻ができないともいえるわけです。ハワイやアイスランドのような海洋島を除くと、われわれはふだん大陸地殻の上で生活していますが、この陸上生活の基盤もプレートテクトニクスの産物なのです。

An Illustrated Guide to Plate Tectonics

第 **6** 章

# プレートテクトニクスと生命環境

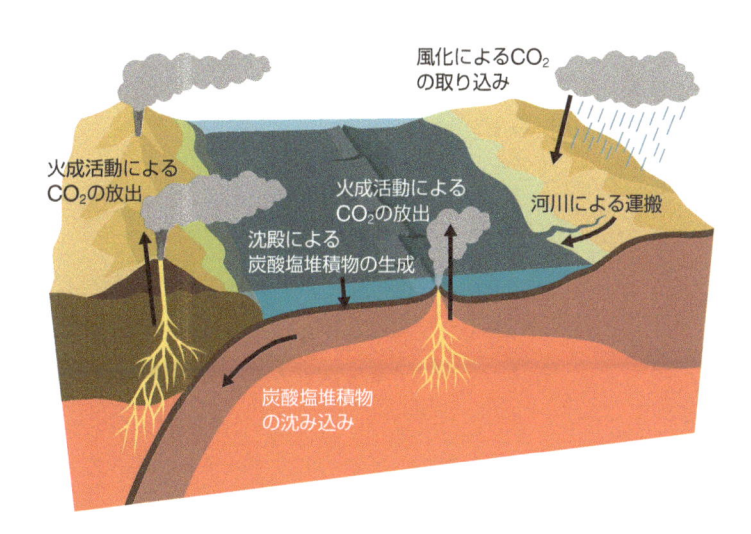

プレートテクトニクスは、日常生活の中では起こっていることすら体感できない非常にゆっくりとした地球の変動ですから、これと生命環境の関係については、ピンとこない人も多くいることでしょう。近年話題の地球温暖化や、それに伴う氷床の減少、海水面の上昇といった現象とくらべるとわかりにくいことは確かです。なにしろプレート運動は速くても年間 10 cm というスピードですから、10 年後や 100 年後の地球の未来を左右するという話にはまずなりません。

　しかし、生命の誕生や進化といった気の長い話になると違ってきます。もちろん、地球の表層環境の長期的変動に大きな影響をもたらすものはプレートテクトニクス以外にもいろいろあります。たとえば、**ミランコビッチ・サイクル（Milankovitch cycles）** という地球の公転軌道の周期的変動によって日射量が変化し、それがきっかけとなって氷河期がもたらされるというのは著明な例でしょう。また、地球は自身に対する衛星（月）の直径比がほかの惑星より大きく、月のおかげで自転軸が安定しています。もし月がなかったら、極地方が赤道付近に突然移動してしまうくらい不安定な自転軸を持つことになり、大規模な気候変動が起こりうるわけです。実際、非常に小さい衛星しか持っていない火星の自転軸はたいへん不安定なことが知られています。

　このようにさまざまなことが生命環境に大なり小なり影響をおよぼしていますが、その中でもプレートテクトニクスに起因するものは特に本質的で、生命環境の土台はプレートテクトニクスによってつくられています。このことを理解するために、まずは固体地球を取り巻く大気と海洋の歴史とプレートテクトニクスの関係から見てみましょう。

## 6.1　大気と海洋の起源

　わたしたちはつねに 1 気圧という圧力下で暮らしています。1 気圧は約 $10^5$ Pa、つまり、1 $m^2$ あたり 10 トン分の大気分子の重みがかかっているということです。しかし、なぜ地球の大気圧が 1 気圧なのか、つまりなぜ地球がそれだけの量の大気を持っているのかということは、じつは説明するのが難しいのです。

## 大気の二次起源

　地球大気の起源を解き明かす鍵は大気の化学成分にあります。地球大気の主成分は多いほうから窒素（78.1%）、酸素（20.9%）、アルゴン（0.9%）、二酸化炭素（0.035%）と続きます（**図6.1(a)**）。この組成を見るだけで、地球の大気は原始太陽系の頃にあった始原的な大気ではなく、その後の過

**図6.1** 地球大気は二次起源である。一方、木星などの巨大ガス惑星の大気は原始太陽系ガスをそのまま捕獲したものと考えてよい。現在の太陽の成分は、核融合で水素が消費されてヘリウムがつくられるので、原始太陽系とくらべるとヘリウムの割合が多い。

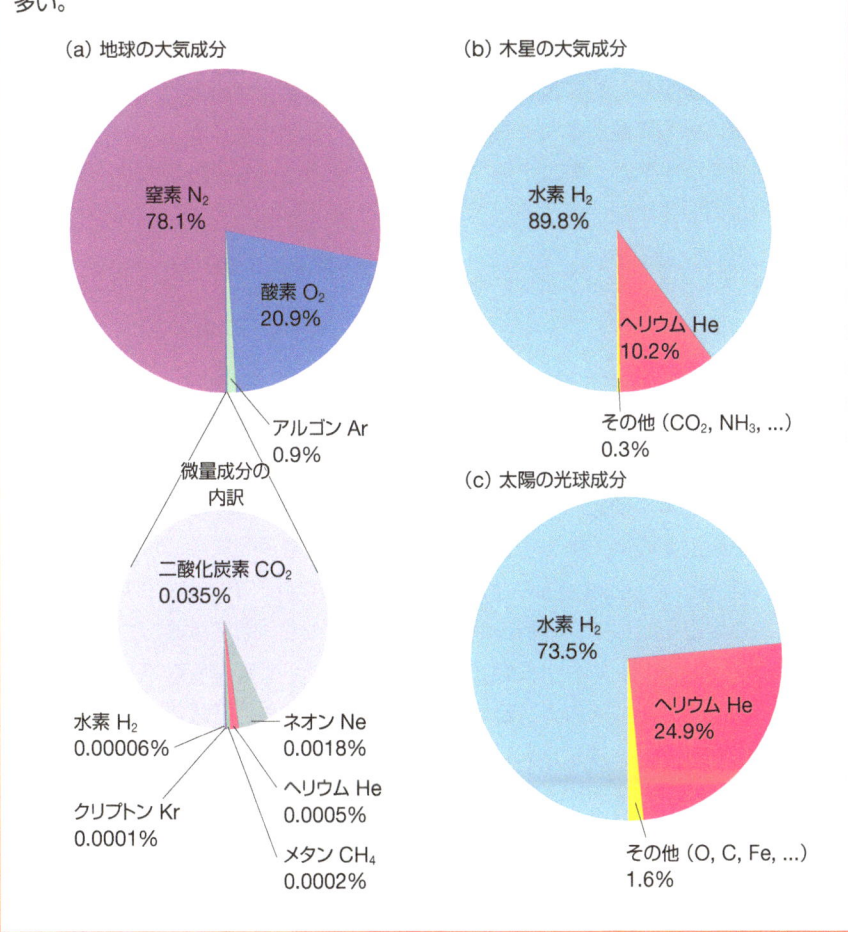

(a) 地球の大気成分

窒素 $N_2$ 78.1%
酸素 $O_2$ 20.9%
アルゴン Ar 0.9%

微量成分の内訳
二酸化炭素 $CO_2$ 0.035%
水素 $H_2$ 0.00006%
クリプトン Kr 0.0001%
ネオン Ne 0.0018%
ヘリウム He 0.0005%
メタン $CH_4$ 0.0002%

(b) 木星の大気成分

水素 $H_2$ 89.8%
ヘリウム He 10.2%
その他（$CO_2$, $NH_3$, ...）0.3%

(c) 太陽の光球成分

水素 $H_2$ 73.5%
ヘリウム He 24.9%
その他（O, C, Fe, ...）1.6%

程でつくられた大気であることが推定されます。なぜなら、惑星ができたばかりの頃の太陽系空間はほとんど水素が占めていたはずで、それを惑星重力で捕獲しただけでは現在の大気にはならないからです。ちなみに木星などの巨大ガス惑星の大気は太陽の成分に非常に近く、主に水素とヘリウムからなっています（図6.1(b)）。地球大気の起源は原始太陽系以外にあるはずで、これを**大気の二次起源（secondary origin of the atmosphere）**と呼びます。

じつは窒素や、アルゴン、二酸化炭素などは基本的に、火山活動に伴うガスの噴出によって地球内部から大気に供給されてきたものです。このうちアルゴンは化学反応をほとんどしない希ガスなので、わりと簡単に大気の起源に結びつけることができます。ほかの気体成分はさまざまな化学反応をしますし、特に酸素は生命活動と密接に結びついているため、大気の起源以外の問題も絡んできて、話が複雑になります。もちろん生命環境の進化を解き明かす際に大切になってくる元素なので、酸素については後ほど説明します。

## 希ガスはなぜ希少なのか？

さて、アルゴン（元素記号：Ar）は3番目に多い大気成分ですが、$^{36}$Ar、$^{38}$Ar、$^{40}$Ar の3つの安定同位体があり、大気中のアルゴンのほとんど（99.6％）は $^{40}$Ar です（図6.2）。$^{36}$Ar は 0.337％、$^{38}$Ar は 0.063％しかありません。このうち、$^{40}$Ar のみ放射性起源の安定同位体で、質量数40のカリウム（$^{40}$K）が電子捕獲をしてできたものです（電子捕獲は放射壊変の一種で、電子軌道上の電子が原子核に取り込まれて、陽子と反応して中性子をつくります）。この放射壊変の半減期は約12億5000万年とかなり長いため、地球の歴史を通じて $^{40}$K から少しずつ $^{40}$Ar がつくられてきました。カリウムは地殻やマントルの中に存在している元素で、これが放射壊変で気体のアルゴンになり、火山ガスが大気中に放出される際に一緒に出てくるというわけです。$^{40}$Ar は地球大気の長期的な進化を考える際に大切になるのですが、ひとまず置いておいて、まず $^{36}$Ar について考えてみることにします。$^{36}$Ar（$^{38}$Ar も同様）は、ほかの元素の放射壊変からつくられたりしないので、話がより簡単になるからです。

$^{40}$Ar を除くと、現在の地球の大気におけるアルゴンの存在度は 0.004％

**図 6.2** 地球大気に含まれるアルゴン同位体の存在度。ほとんどが $^{40}Ar$ で占められている。$^{36}Ar$、$^{38}Ar$、$^{40}Ar$ すべて安定同位体だが、$^{40}Ar$ のみ放射性安定同位体であり、$^{40}K$ の電子捕獲によってつくられる。

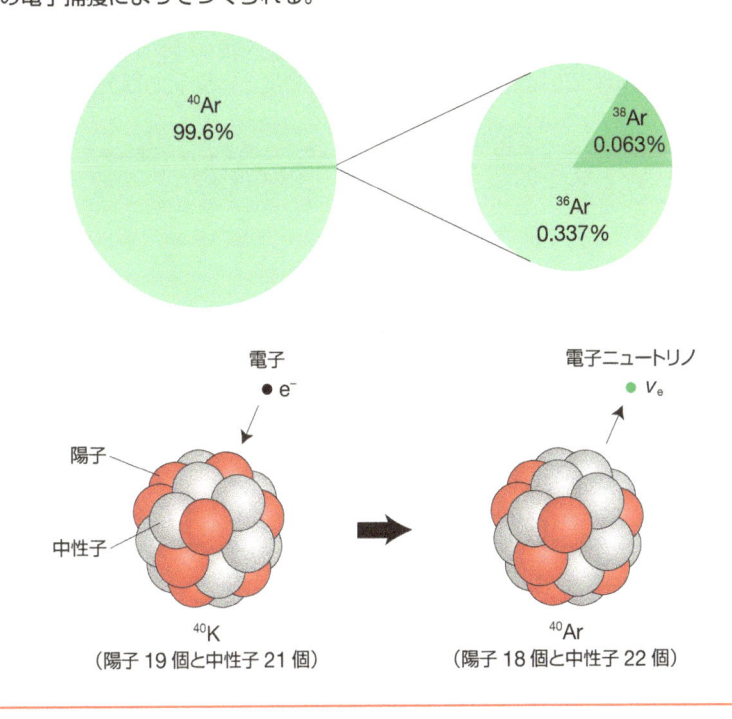

になります。ほかの希ガス元素を見てみると、ヘリウムが 0.0005%、ネオンが 0.002%、クリプトンが 0.0001%、キセノンが 0.00001% となっています。これらに共通しているのは「非常に少ない」ということで、そもそも「**希ガス（rare gas）**」という名前はここからきています。じつはこの名前に大切なヒントが含まれています。というのも、これらの元素は地球の大気の中では珍しい存在ですが、太陽系全体を考えてみるとそうではないからです。

　**図 6.3** の太陽系の元素存在度を見てみると、基本的に元素が重くなるにしたがって、存在度が減少する傾向にあることがわかります。つまり、同じような重さの元素は同じような存在度を持つわけで、ネオン（Ne）なら酸素（O）やマグネシウム（Mg）、アルゴン（Ar）なら硫黄（S）やカルシウム（Ca）に近い存在度を持っています。しかし、地球上での希ガスの

**図6.3** 太陽系の元素存在度（Anders & Grevesse [1989] に基づく）。ケイ素（Si）の存在度を $10^6$ とした相対存在度を示している。グラフがのこぎりのような形をしているのは、偶数の原子番号を持つ元素のほうが奇数のものよりも原子核が安定していて、高い存在度を持つためである。希ガス元素はまわりの偶数原子番号の元素と同程度の存在度をもっていることが見てとれる。ちなみに太陽系の全質量のほとんどが太陽によって占められているので、太陽系の元素存在度というのは太陽の元素組成に等しい。

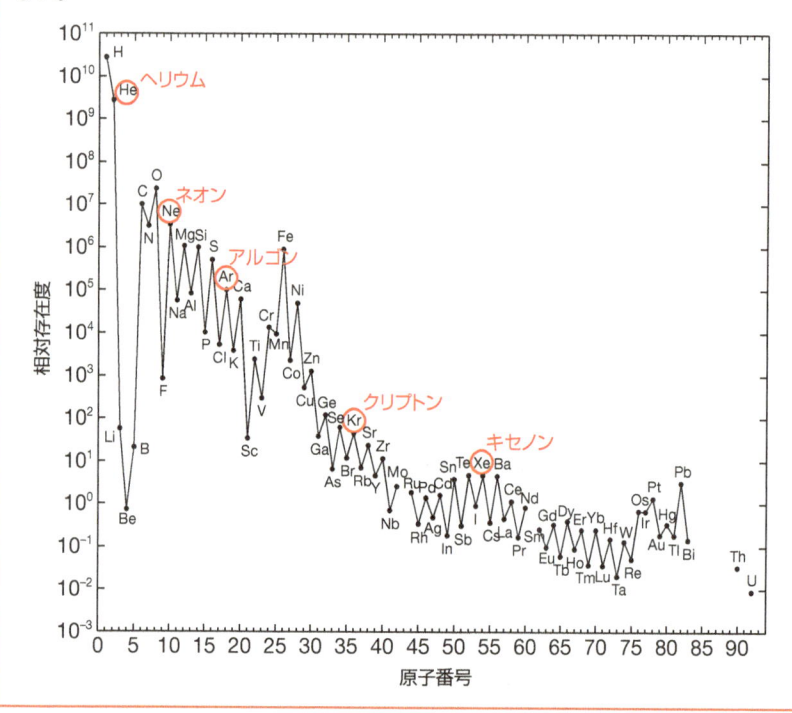

存在度は酸素やマグネシウムとは比較にならないくらい微小なものです。太陽系における存在度とくらべると1億分の1程度の存在度しかありません（**図6.4**）。できたばかりの地球が持っていた大気は、原始太陽系ガスを地球の重力で捕獲したものですから、それには現在の1億倍ほどの希ガスが含まれていたはずです。地球大気中の希ガスはどこへいってしまったのでしょうか？

これに関しては、できたばかりの太陽が地球の始原大気をはぎとってしまった可能性が非常に高いとされています。太陽が若かった頃の振る舞いは、Tタウリ型星と呼ばれる原始的な恒星の観測をもとに推測されている

> **図6.4** 地球における希ガスの存在度を太陽系全体における希ガスの存在度と比較したもの（Ozima & Podosek [2002] に基づく）。地球での希ガスの存在度をまず図6.3のようにケイ素を基準として表して、それから太陽系での存在度で割ったものが縦軸に示されている。アルゴンに関しては、放射起源の $^{40}Ar$ を無視するために $^{36}Ar$ しか考慮していない。ほかの希ガス元素はすべての同位体を考慮している。ヘリウムを考慮していないのは、非常に軽い元素であるために、簡単に宇宙空間に散逸してしまうからである。

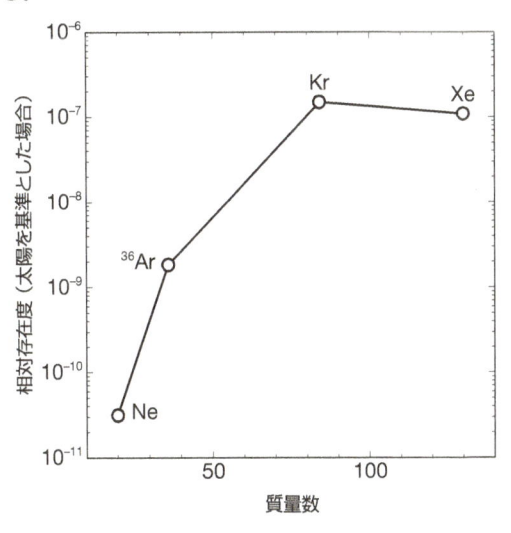

のですが、それによると太陽は最初の1億年の間、非常に強いX線や太陽風を放出していたと考えられます。この強い太陽風によって、希ガスを多く含んだ初期大気はほぼ完全に吹き飛ばされてしまったというわけです。

## プレートテクトニクスによる大気形成

　このように $^{36}Ar$ やほかの希ガスの存在度を説明するには、地球は初期大気をほとんど失っている必要がありますが、その後、地球大気はどのように進化したのでしょうか？　この問題にはアルゴンのもうひとつの同位体、$^{40}Ar$ が答えてくれます。

　前節で触れたように、$^{40}Ar$ はもともと地殻やマントルといった岩石に含まれていた $^{40}K$ でした。長い時間をかけて、岩石の中で $^{40}K$ が放射壊変によって $^{40}Ar$ になるのですが、このままではアルゴンは岩石の中に閉じ込められてしまいます。岩石の中のアルゴンが大気に放出されるのは、岩石が

融けてマグマになるときです（**図6.5**）。中央海嶺やホットスポットでマグマが噴出して新しい地殻をつくる際に、マントルに含まれていたアルゴンが大気に放出されます。

特に、湧き出し型プレート境界である中央海嶺は、大規模な火山活動がつねに起こっているところですが、この火山活動の激しさはプレート運動に比例します。プレート運動が活発なほどアルゴンの供給量は増え、大気中により多くの$^{40}Ar$が蓄積します。つまり、アルゴンの放出量はプレートの運動によって制御されていて、現在の大気に含まれている$^{40}Ar$の量は過去のプレートテクトニクスの歴史をまとめて反映しているのです。**4.2節**でも触れましたが、現在の大気中の$^{40}Ar$の量は、昔のプレート運動が今より遅かった可能性を強く支持しています。昔のプレートテクトニクスが今よりも活発だったとすると、アルゴンが放出されすぎてしまい、現在の大気での存在度をはるかに上回ってしまうのです。

さて、ここまではアルゴンという希ガスに注目して、強い太陽風によって初期大気がはがされた後、プレートテクトニクスが起こす火山活動によって、固体地球から少しずつ大気に供給されてきたことを説明しました。しかし、このストーリーは、希ガスだけにあてはまるものではありません。火山活動でマントルからアルゴンが放出されるときは、ほかの気体成分、

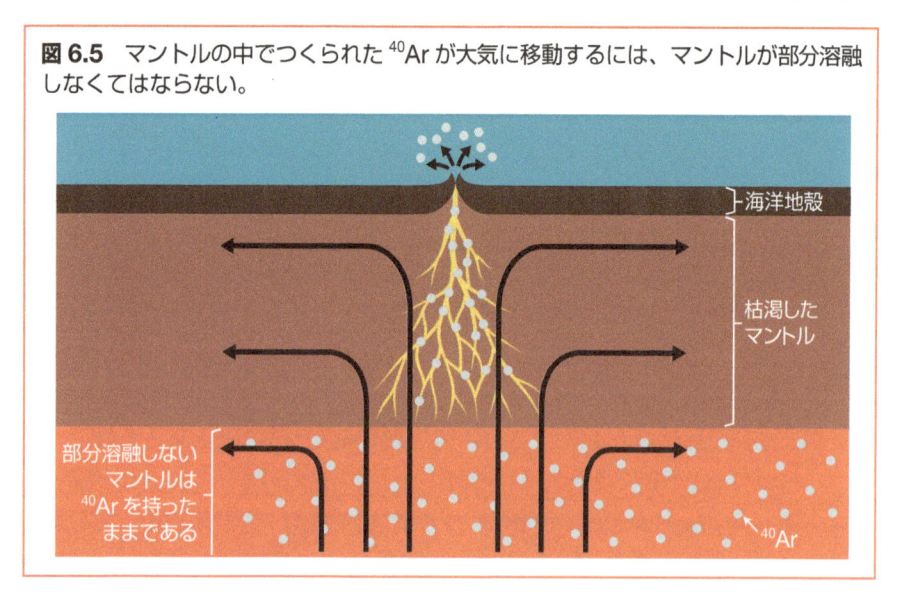

**図6.5** マントルの中でつくられた$^{40}Ar$が大気に移動するには、マントルが部分溶融しなくてはならない。

たとえば水蒸気、二酸化炭素、窒素といったものも同時に放出されます。つまり、現在の地球を覆っている大気と海洋は、そのほとんどがプレートテクトニクスによって固体地球からもたらされたものなのです。希ガス以外の気体成分は、化学反応によって固体となる可能性があり、その後海底に堆積し、プレートの沈み込みに伴ってマントルに戻ることがあります。大気や海洋の質量は、火山活動による供給と、沈み込みによる損失の両方を考えた収支によって決まっているわけです。

　この節の冒頭で「なぜ地球には1気圧分の大気があるのか」という問題に答えるのは難しいと述べました。これは、大気の質量がプレートテクトニクスにかかわるさまざまな化学反応によって、動的に決まっているためです。なぜ地球の大気圧は1気圧なのか、という素朴な疑問は、地球の歴史全体を解き明かす努力に直につながっているともいえます。このように考えると、ふだん当たり前のようにとらえている大気圧や大気成分も、じつは地球史解読に役立つ重要な情報を持っていることがわかります。それでは、次は二酸化炭素と酸素の歴史について考えてみましょう。

# 6.2 二酸化炭素と酸素の歴史

## 地球温暖化と二酸化炭素

　前節で大気中の二酸化炭素の濃度は0.035％と書きましたが、この値は1980年代のものです。産業革命以前は0.028％（280 ppm）でしたが、化石燃料の使用によって徐々に上昇して、2011年の時点では0.039％（390 ppm）になっています（**図6.6(a)**）。近年話題の地球温暖化では、この二酸化炭素の増加の影響が議論の中心になっているのはご存じのとおりです。二酸化炭素の濃度が今の倍になったらいったいどんな事態になるのか、たとえば、平均気温は何度上がるのか、氷床が融けることによって海面が何メートル上昇するのかなど、さまざまな予測をおこなうために多くの研究者が計算しています。

　地球温暖化の議論では数十年後の気候を問題にしているのですが、もっと長い時間スケールで眺めてみると、過去の二酸化炭素の濃度はじつに大

**図6.6** さまざまな時間スケールで見た二酸化炭素の濃度変化。(a) ハワイのマウナロア観測所での過去50年間の記録。(b) 南極の氷床掘削によって復元された過去40万年前までの変化（Petit et al. [1999] に基づく）。水素同位体比を用いた温度変化の推定も併記してある。積雪が圧縮されて氷になる際に、雪に含まれている大気が氷に閉じ込められる。氷床のより深いところほど、年代の古い大気の情報を冷凍保存しているのだ。(c) 炭素循環モデルによる顕生代の二酸化炭素の濃度変化の推定（Berner [2004] に基づく）。

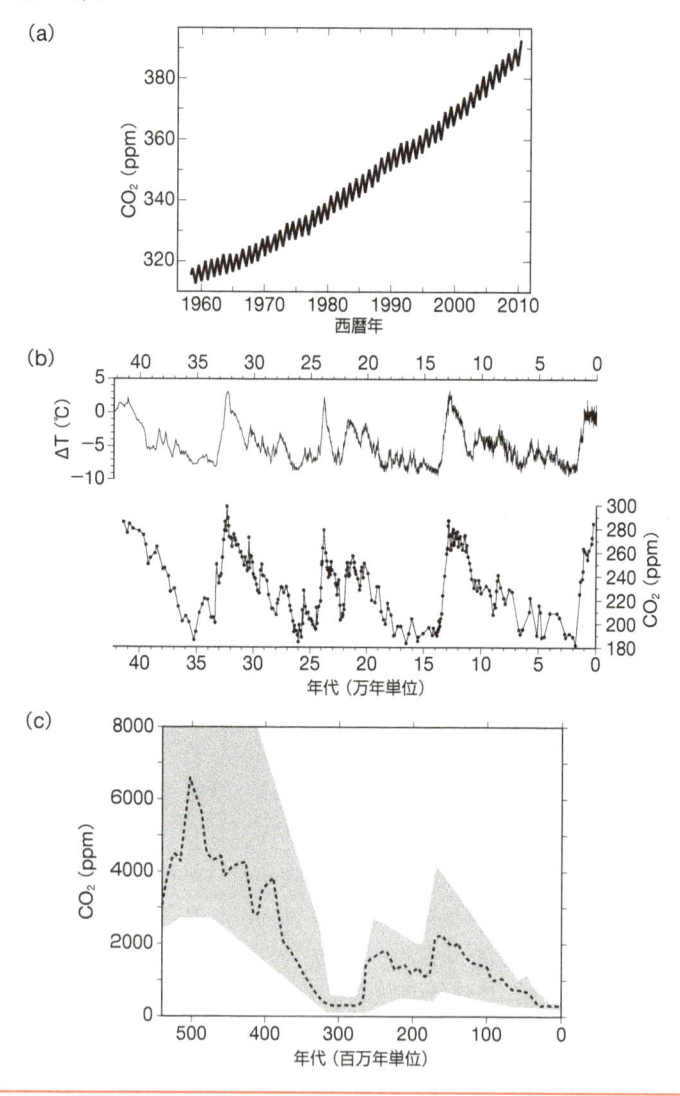

きく変化してきたことがわかります。約40万年前から現在までの濃度変化は、南極の氷床の掘削によってかなり詳しいことがわかっています。氷床から掘り出された氷の試料に含まれる気泡は、その氷が雪からつくられたときの大気を閉じ込めています。深いところから掘り出された氷ほど昔の大気を含んでいるので、掘削をすることにより、過去の大気組成を連続的に復元することができるのです。復元された濃度変化は10万年周期で180 ppmから280 ppmの範囲で上下動しており（**図6.6(b)**の下図）、水素同位体比のデータから求められた気温変化（**図6.6(b)**の上図）とみごとに相関しています。二酸化炭素濃度が高いときは気温も高いのですが、この相関だけではどちらが原因で結果なのかはわかりません。二酸化炭素は温室効果ガスなので、濃度が上がると気温が上がります。しかし、なぜ10万年周期で二酸化炭素の濃度が変化するのでしょうか？　それとも、まず気温がなんらかの理由で変化して、それに応じて二酸化炭素の濃度が変化したのでしょうか？

　この10万年周期というのは、ミランコビッチ・サイクルから予想される2万年、4万年、10万年という3つの周期の1つです。ということは、10万年周期で太陽の日射量が変化するために、気温が変動して、それに伴って二酸化炭素の濃度も変動してきたのでしょうか？　ありそうに思えますが、じつはミランコビッチ・サイクルの3つの周期のうち、太陽の日射量の変化量は2万年や4万年周期のほうがはるかに大きく、気温が10万年周期で大きく変化していること自体、かなり不思議なことなのです。なぜ地球の気候が10万年周期の摂動に敏感に反応するのかについては、いまだに解明されていません。

　40万年前より昔のことになると、氷床データがないので、同位体などを用いた間接的な手法で二酸化炭素の濃度変化を推定することになります。推定誤差が大きいのですが、それでも大筋は信頼できると考えてよいでしょう。顕生代のはじめ、つまり約5億年前には4000 ppm以上の二酸化炭素があったようですが（**図6.6(c)**）、現在にいたるまで少しずつ減少する傾向にあります。この減少傾向は、太陽の光度が少しずつ増していることに対応していると考えられています。また、4億年前から3億年前にかけて急激に減少しているのは、ちょうどこの頃に大型の陸生植物が登場したためと推測されています。

なぜ太陽の光度変化が大気中の二酸化炭素の量に影響をおよぼすのでしょうか？　また、陸生植物の登場という生命の進化がどう関連しているのでしょうか？　これらの疑問に答えるには、まず、地球システムの中で炭素がどのように動いているかを理解しなければなりません。次節ではこのことについて見てみましょう。

## 炭素の循環

大気中の二酸化炭素の濃度は長い時間スケールで見ると、地球温暖化で議論しているような変動量よりもはるかに大きく変化しています。しかし、炭素が地球のいたるところに存在することを考えると、逆になぜこの程度しか変化しないのか不思議に思えてくるはずです。

大気中の二酸化炭素の濃度を 350 ppm とすると、大気全体の質量は約 $5.2\times10^{18}$ kg ですから、大気には $7.6\times10^{14}$ kg の炭素があることになります。同様の計算で、海洋には $1.3\times10^{17}$ kg、地殻には $4.2\times10^{19}$ kg、マントルには $4\times10^{20}$ kg の炭素が存在していることがわかっています（**図6.7**）。大気中に二酸化炭素というかたちで存在する炭素の量は、地殻やマントルに含まれている炭素の量と比較にならないくらいわずかなものです。

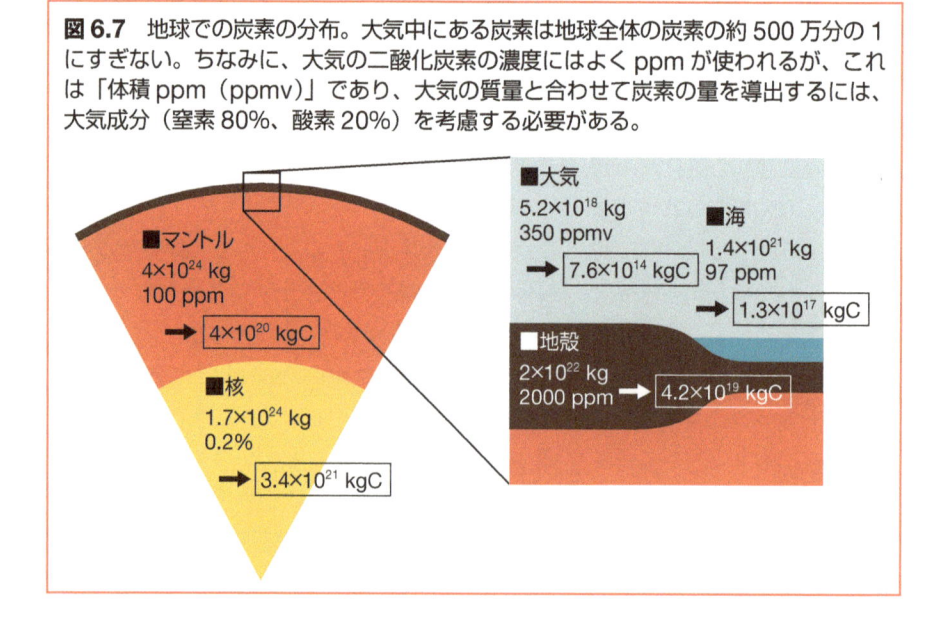

**図6.7**　地球での炭素の分布。大気中にある炭素は地球全体の炭素の約500万分の1にすぎない。ちなみに、大気の二酸化炭素の濃度にはよく ppm が使われるが、これは「体積 ppm（ppmv）」であり、大気の質量と合わせて炭素の量を導出するには、大気成分（窒素80％、酸素20％）を考慮する必要がある。

■マントル
$4\times10^{24}$ kg
100 ppm
→ $4\times10^{20}$ kgC

■核
$1.7\times10^{24}$ kg
0.2％
→ $3.4\times10^{21}$ kgC

■大気
$5.2\times10^{18}$ kg
350 ppmv
→ $7.6\times10^{14}$ kgC

■海
$1.4\times10^{21}$ kg
97 ppm
→ $1.3\times10^{17}$ kgC

■地殻
$2\times10^{22}$ kg
2000 ppm → $4.2\times10^{19}$ kgC

さて、マントル内の炭素は火山ガスを介して、大気に年間 $6 \times 10^{10}$ kg というスピードで放出されています。100 年や 1000 年といった地質学的に短い期間ではどうということのない量ですが、数十万年間続けば、大気中の二酸化炭素の濃度は現在の倍になります。また、2 億年分の火成活動で放出された二酸化炭素がそのまますべて大気にとどまった場合には、大気圧は 88 気圧となり、そのほとんどが二酸化炭素となります。つまり金星の大気のようなものです。

しかし、**図 6.6** にあるように、少なくとも過去数億年間は、大気中の二酸化炭素の濃度が数千 ppm 以上になったことはありません。なぜでしょうか？ これは大気中の二酸化炭素が地表の岩石と化学反応をして、大気からつねに少しずつ取り除かれているからです。二酸化炭素と岩石の化学反応にはいろいろあって、かなり複雑なものもあるのですが、いちばん大切なところに注目すると以下のように書くことができます。

$$2CO_2 + 3H_2O + CaSiO_3 \longrightarrow Ca^{2+} + 2HCO_3^- + H_4SiO_4 \quad ①$$

左辺の第 3 項はケイ酸カルシウムという分子で、岩石を表しています。右辺にあるものはすべて水溶性なので、河川によって海に運ばれ、海洋中では以下の反応によって沈殿して堆積物となります。

$$Ca^{2+} + 2HCO_3^- \longrightarrow CaCO_3(\downarrow) + CO_2 + H_2O \quad ②$$
$$H_4SiO_4 \longrightarrow SiO_2(\downarrow) + 2H_2O \quad ③$$

これら 3 つの化学反応をまとめると、

$$CO_2 + CaSiO_3 \longrightarrow CaCO_3 + SiO_2 \quad ④$$

となります。つまり、大気中の二酸化炭素がケイ酸カルシウムと反応して、炭酸カルシウム（$CaCO_3$）と石英（$SiO_2$）という鉱物が生成される、というわけです。これを**ユーレイ反応（Urey reaction）**と呼びます。このまとめた化学式④には水（$H_2O$）は出てきませんが、各々の化学式を見れば明らかなように、水がないとユーレイ反応は起こりません。また、これらの化学反応は生物が存在していなくても起こりますが、式①の反応は植物によって、式②、③の反応はプランクトンによって大幅に加速されていることも重要です。

ユーレイ反応を経て生成された海底の堆積岩は、沈み込みによってマントル深部に戻されます。つまり、火山活動によってマントルから大気に放出された二酸化炭素は、ユーレイ反応を経て再びマントルに戻るというこ

**図 6.8** 地質学的時間スケールにおける炭素循環は、火成活動による炭素の生成と堆積物の沈み込みによる炭素の消費とのバランスによって成立している。

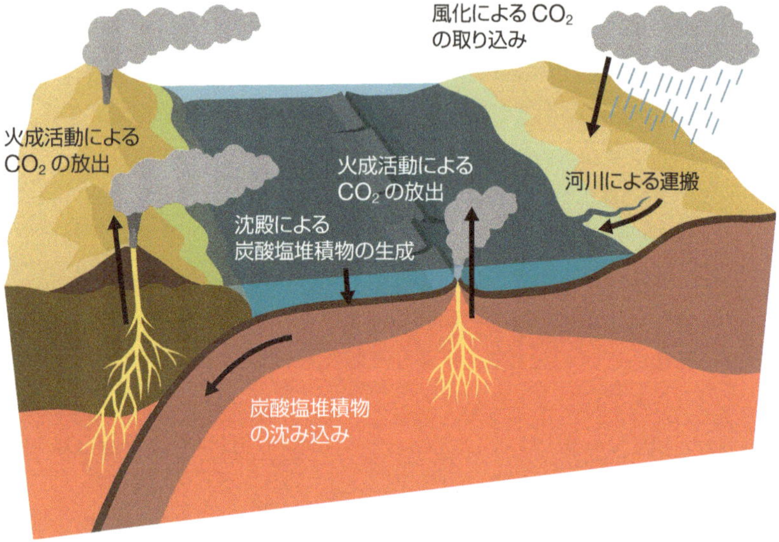

（図中ラベル）
- 火成活動による $CO_2$ の放出
- 風化による $CO_2$ の取り込み
- 火成活動による $CO_2$ の放出
- 沈殿による炭酸塩堆積物の生成
- 河川による運搬
- 炭酸塩堆積物の沈み込み

とです。この一連の流れをまとめて**炭素循環（carbon cycle）**と呼びます（**図 6.8**）。

## 二酸化炭素濃度の制御メカニズム

　さて、大気中の二酸化炭素の濃度が上昇すると、温室効果によって気温が上がります。しかし、ここで話が終わらないのがおもしろいところです（**図 6.9**）。気温が上がると、133 ページの式①で表される**化学風化（chemical weathering）**の反応がより速く起こり、大気中の二酸化炭素がより速く堆積岩に変換されるようになるのです。二酸化炭素の濃度はこのように負のフィードバックによって制御されていて、**図 6.6（c）**に示した顕生代の二酸化炭素濃度の変化も、このフィードバックで理解することができます。まず、太陽は年齢を重ねるにつれ、エネルギー源である核融合の効率が上がり、光度が少しずつ上昇することがわかっています。太陽の光度が上がっても、大気中の二酸化炭素濃度が変化しないとすると、温室効果により気温が上昇します。すると化学風化がより活発に起こるよう

**図 6.9** 炭素循環における負のフィードバック。

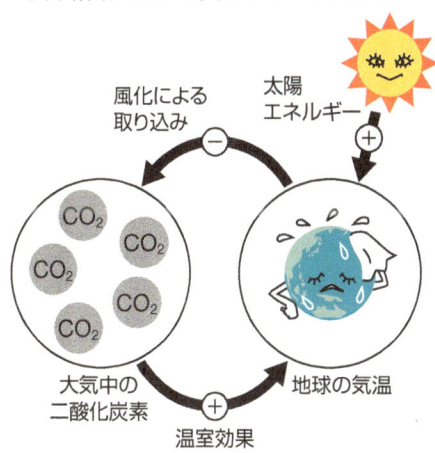

プラス（＋）の矢印は、一方が上昇するともう一方も上昇するという正の相関を示し、マイナス（－）の矢印は負の相関を示す。

になり、結果として二酸化炭素の濃度が減ることになります。さらに、4億年前に登場した大型の陸生植物により、大陸の化学風化が促進され、このため二酸化炭素濃度が大幅に減少したというわけです。

この炭素循環が起こるにはプレートテクトニクスが必要不可欠です。中央海嶺や島弧火山からの二酸化炭素放出と堆積物の沈み込みの2つがそろわないと、そもそも循環になりません。また、大気中の二酸化炭素を岩石に固定する化学風化には大陸の存在が必要ですが、大陸そのものもプレートテクトニクスによってつくられます。さらに、大陸が海面上に顔を出していることも大切です。もし海水の量が今よりずっと多いと、すべての陸地が海の下に沈んでしまい、化学風化が起こらなくなってしまいます。じつは、大陸が海面よりも高くそびえていることは自明なことではありません。このことについては **6.3 節**で詳しく説明します。

## 酸素の収支

現在の大気の約 20% は酸素が占めているという事実は、小学生でも知っているでしょう。しかし、たとえばなぜ 5% や 10% ではないのか、ということはじつは専門家でも答えられない難問です。というのも、酸素が植物の光合成によってつくられているということは確かなのですが、酸素の濃度が何によって制御されているのかがいまだにわかっていないのです。二

酸化炭素の場合は前節で説明した負のフィードバックによって制御されていますが、酸素に関して同様のフィードバックが存在するのかどうかは、まだ解明されていません。

　酸素の濃度は、酸素を生成するスピードと消費するスピードのバランスで決まります。このバランスについて少し考えてみましょう。じつは前節で「炭素循環」として紹介したものは、正確にはケイ酸塩－炭酸塩タイプの炭素循環と呼ばれるもので、有機タイプの炭素循環というものも存在します。酸素について考えるうえでは、有機タイプの炭素循環が大切になってきます。この炭素循環では、まず、

$$CO_2 + H_2O \longrightarrow CH_2O + O_2 \qquad ⑤$$

という反応、すなわち光合成で二酸化炭素と水から炭水化物と酸素がつくられます。続いて、

$$CH_2O + O_2 \longrightarrow CO_2 + H_2O \qquad ⑥$$

という呼吸作用で酸素が消費されて、二酸化炭素がつくられます。植物（植物プランクトンも含む）は光合成によって酸素をつくりますが、夜間は呼吸により酸素を消費します。また植物が死んで腐敗する際にも呼吸作用と同じことが起こります。植物がつくりだす酸素の大半が、呼吸と腐敗によっ

**図 6.10**　酸素サイクル（Walker [1980] に基づく）。大気中の酸素の量以外はすべてかなりおおざっぱな推定値である。植物の光合成による酸素の生産の 99.8% が植物自身によって消費されている。

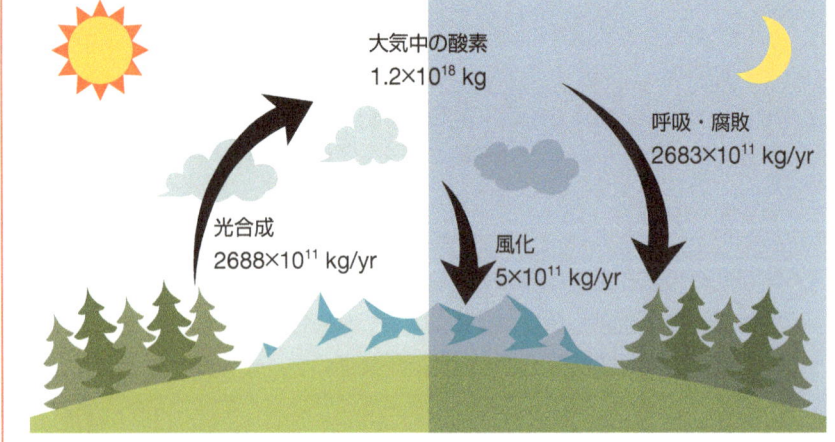

大気中の酸素
$1.2 \times 10^{18}$ kg

呼吸・腐敗
$2683 \times 10^{11}$ kg/yr

光合成
$2688 \times 10^{11}$ kg/yr

風化
$5 \times 10^{11}$ kg/yr

て消費されます（**図 6.10**）。ちなみに地球上の全生物の質量はほとんどが植物で占められているので、動物の活動はほとんど影響しません。

　しかし、植物が死んで地中深く埋められると、大気中の酸素によって酸化されずにすむため、正味の酸素の生成につながります。この正味の酸素の生成スピードは、年間約 $5 \times 10^{11}$ kg と推定されています（**図 6.10**）。現在の大気中には $1.2 \times 10^{18}$ kg の酸素がありますが、これは植物の埋没による正味の生産が 240 万年も続けばつくりだせる量です。後述するように、大気中の酸素はそんなに短い期間で現在のレベルに達したわけではないことがわかっているので、化学風化によって消費されていると考えられています。酸素の濃度が一定に保たれていると仮定すると、地表の岩石の酸化（化学風化）によって、年間 $5 \times 10^{11}$ kg 相当の酸素が消費されていることになります。裏を返せば、仮に今突然生物が絶滅して光合成がおこなわれなくなったら、大気中の酸素は 240 万年後にはなくなってしまうということです。

　酸素濃度が何によって制御されているのかがいまだにわかっていないのは、植物の埋没による酸素の生産と化学風化による酸素の消費とが、酸素濃度にどのように依存するのかがわかっていないからです。酸素の生成と消費を釣り合わせることによって、化学風化によって酸素が年間 $5 \times 10^{11}$ kg 相当失われていると説明しましたが、これは酸素の濃度はほぼ一定だったはず、という仮定に基づいた計算にすぎません。風化過程の詳細がそこまでわかっているわけではないのです。特に酸素はいろいろな物質と簡単に反応するので、化学風化とひと口にいっても、じつにさまざまな化学反応を考える必要があり大変です。二酸化炭素の場合は炭素循環だけで話がすみますが、酸素になると炭素循環に加えて、硫黄や鉄の循環も絡んできます。

## 酸素の出現

　酸素の出現やその後の濃度変化の歴史は、生命の進化と重要なつながりがあるとされています。しかし、酸素の歴史に関しては、かなりおおざっぱなことしかわかっていません（**図 6.11**）。

　まず、過去 4 億年間に関しては、酸素濃度は 13％以上 35％未満の範囲に収まっていたことがわかっています。35％以上だと自然発火で全世界的

**図 6.11** 酸素の濃度の歴史（Holland [2006] に基づく）。現在の大気圧は 1 気圧なので、酸素の分圧が 0.2 気圧ということは、酸素の濃度が 20％ということを意味する。縦軸が濃度ではなくて分圧になっているのは、過去の大気圧がよくわかっていないためである。

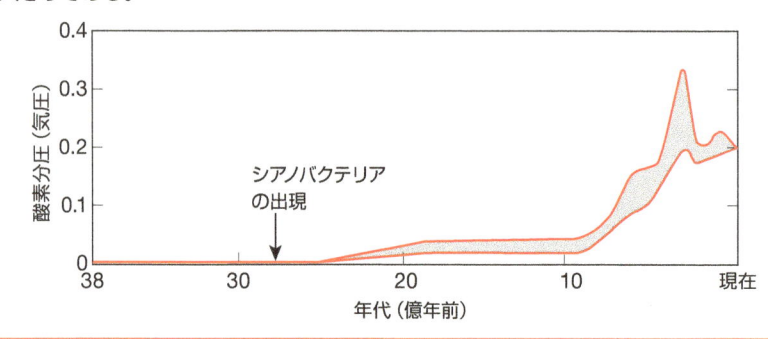

な森林火災になってしまうのですが、そういう痕跡は堆積物に残っていません。森林火災の痕跡は木炭として 4 億年前あたりから堆積物に登場するのですが、世界的な分布はまばらで、地球上のすべての森林がいっせいに燃えたという記録はありません。逆に 13％以下だと森林火災がいっさい起こらなくなってしまい、堆積物に含まれている木炭の存在と矛盾します。

4 億年前より昔には、そもそも陸生植物が登場していないので、森林自体存在せず、木炭の存否に基づいた濃度の推測ができません。そこで、酸素の濃度が高いと形成されない岩帯や鉱物の存在、また同位体などを用いた間接的な方法で推測がおこなわれました。その結果、約 23 億年前に酸素の濃度がはじめて数％レベルに達したと考えられています（**図 6.11**）。しかし、光合成をする最初の生物（シアノバクテリア）が登場したのが約 27 億年前とわかっているので、それから 4 億年も待たないと酸素の濃度が上がらなかった理由は大きな謎とされています。もしかすると、最初のシアノバクテリアは光合成ができなかったかもしれませんし、できたとしても効率が悪かったのかもしれません。

しかし、現在の酸素の濃度が何によって制御されているのかよくわかっていないので、いろいろな可能性を検討する必要があります。たとえば、地表の岩石の化学風化は酸素を消費する過程ですが、そもそも 27 億年前にはどの程度の陸地が存在していたのでしょうか？　大陸地殻が存在していても、海面より高いところに顔を出していないと、酸化は効率よく起き

ません。二酸化炭素のところでも触れましたが、大陸の化学風化は地球大気の成分に大きな影響を与えます。そして、大陸が化学風化できるかどうかは、じつはプレートテクトニクスが大きな決定権を握っているのです。

# 6.3 プレートテクトニクスと海水面変動

2.1節で触れたように、大陸辺縁にある大陸棚は大陸地殻の一部で、海水面が今より100 m以上下がれば陸地になります。逆に、海水面が上昇すると、標高の低い場所は浸水によって海面下に沈んでしまいます。わたしたちが陸地だと思っているところは、現在の海水面がそれほど高くないので、たまたま陸地になっているだけなのです。

## 海水面変動の歴史

さて、大陸のいたるところにさまざまな年代の堆積物があります。誰でも知っているくらい有名なのはアメリカのグランドキャニオンでしょうか。堆積物ができるためには海面下に沈んでいないといけませんから、このような堆積物の分布などを利用して、過去の海水面の変動の歴史を復元することができます（図6.12）。海水面はさまざまな時間スケールで変化していて、たとえば、数十万年のスケールで海水面が上がったり下がったりするのは**氷河期（glacial age）**のサイクルと関連しています。図6.12に見られるような数億年のスケールの変動は、プレートテクトニクスの活動によるものです。

プレートテクトニクスがなぜ海水面の変動と関係するのか不思議に思う人もいるかもしれません。しかし、**3.2節**で説明したように、海底の水深は熱的アイソスタシーによって決まっていることを思い出せば理解できます。若い中央海嶺の平均水深は2.5 kmで、海底が古くなるほど沈降して、古い海底は5〜6 kmの深さになります。さて、海水面の高さがどこになるかというのは、海水を入れている容器の形、つまり海底の形で決まりますが、海底の形は不変ではありません。たとえば、プレート運動が今より速い速度で起こると、海底は全体的に若くなり、そのため水深も浅くなります。海底が全体的に浅くなると、海洋に入りきらない海水が陸地を浸水、

**図 6.12** (a) 海水面変動の歴史（Algeo and Seslavinsky [1995] に基づく）。(b) 白亜紀の高い海水準によって北米大陸のかなりの部分が海面下に沈んだ様子を復元したもの。

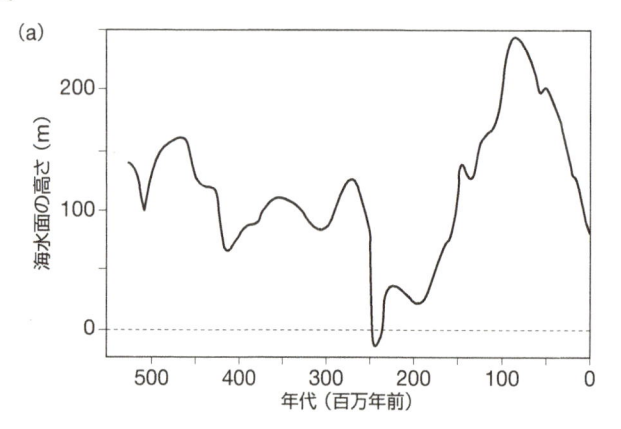

(a)

(b)

7500万年前の北米大陸の様子
(©Ron Blakey and Colorado Plateau Geosystems, Inc.
⟨http://cpgeosystems.com/paleomaps.html⟩)

**図 6.13** （a）現在のプレート運動。（b）プレート運動がより速い状態。（c）プレート速度と海水面の関係（Korenaga [2007b] に基づく）。

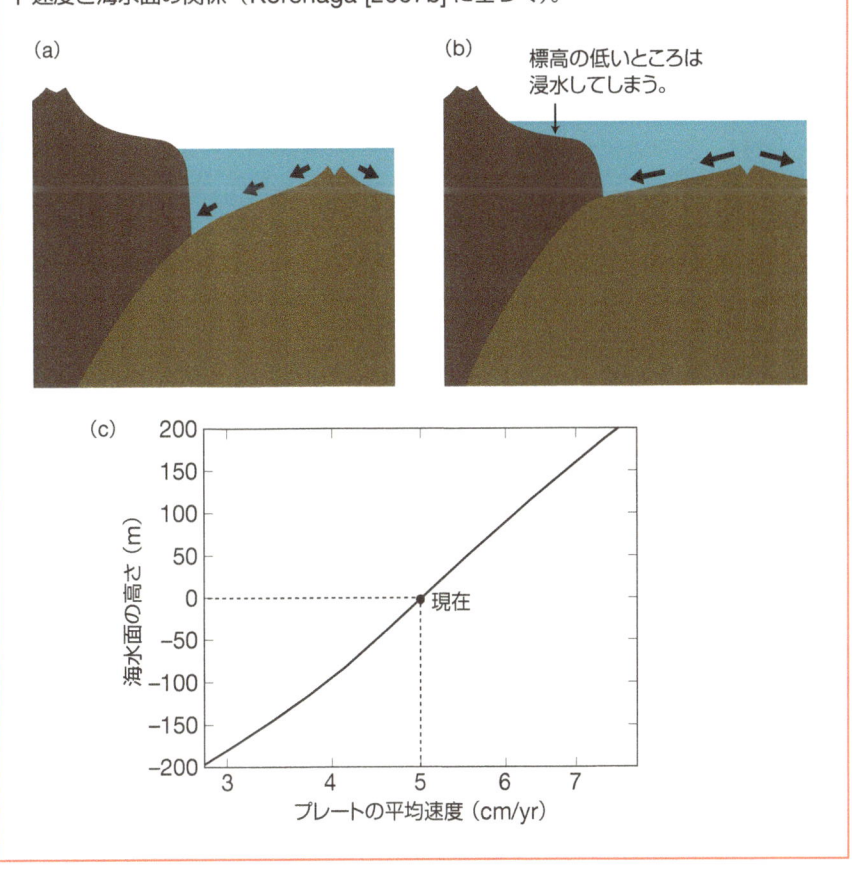

標高の低いところは浸水してしまう。

つまり海水面が上昇することになるのです（**図 6.13**）。過去 2 億年間の海水面変動は、超大陸パンゲアが分裂して海底の平均年代が若くなったことに加えて、白亜紀の頃にプレート運動が全体的に少し速くなったことを考慮すると、ほぼ完全に説明できます。

## 大陸の平均標高が低いわけ

大陸のいたるところにさまざまな年代の堆積物があるということは、海水面が少し上昇しただけで、簡単に浸水を許したということです。このことから、大陸の平均標高がつねに海水面に近いところにあるということが

**図 6.14** 大陸の相対標高と船の乾舷。freeboard は船の「乾舷」(甲板と喫水線間の距離) という意味であり、continental freeboard とはじつに言い得て妙な表現である。しかし、乾舷という日本語はあまり親しみのある言葉ではないので、本書では相対標高と訳している。

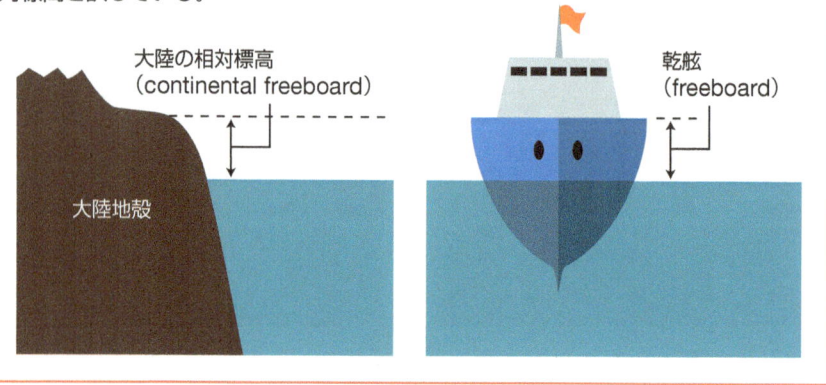

推測できますが、これには理由があります。

　仮に大陸の標高が造山運動などによって海水面よりもずっと高くなってしまったとしましょう。そうすると、浸食作用により少しずつ山々は削られ、これは海水面と同じレベルになるまで続きます。逆に、大陸の一部が海面下に沈んでしまったとすると、そこには堆積物がたまりはじめ、これも海水面と同じレベルになるまで続きます。このように、侵食と堆積が競合することによって、(海面から測った) 大陸の相対標高がつねにゼロに近い値をとるのです (**図6.14**)。これを「**相対標高一定の原理 (the constancy of continental freeboard)**」と呼んだりします。原理と呼べるほど厳密なものではないのですが、多数の堆積物の記録から、実際過去数億年の間はほぼ一定だったということがわかっています。それ以前になると、その年代の堆積層自体珍しくなるので、はっきりとしたことはわからなくなるのですが、おそらく 30 億年前までは近似的に成立していただろうと考えられています。

## 新しい地球史観とのかかわり

　相対標高一定の原理は、原理というよりも観測事実のようなものですが、この事実とプレートテクトニクスの歴史を合わせて考えてみるとおもしろいことに気づきます。**4.2 節**や **6.1 節**で述べたように、原生代や太古代の

**図 6.15** 太古代ではプレート運動が遅く、かつ大陸地殻の量も今よりは少なかった可能性がある。相対標高一定の原理が成り立っているとすると、太古代の海は今より多くの海水を持っていなくてはならない。

現在　　　　　　　　　　　太古代

大陸地殻　　　　　　　　　遅いプレート運動
　　　　　　　　　　　　　大陸地殻
　　　　　　　　　　　　　深い海底

プレート運動は現在よりも遅かった可能性が高いのですが、そうすると海底の年代も全体的に古くなり、海底がより深くなることになります。そうすると、相対標高を一定に保つには、太古の海洋には今よりも多くの海水が入っていなければなりません（**図6.15**）。しかし、本当にそうだったのでしょうか？

　海水の量は一定不変なのか、それとも時間変化するのかというのは、検証する観測事実がほとんどないため、答えるのが難しい問題です。地球の歴史を通じてほとんどつねに海が存在したことはわかっていますが（**5.2節**）、その海が浅かったのか深かったのかまではわかりません。**6.1節**で述べたように、海水の量は火山活動による供給と沈み込みによる損失のバランスで決まっています。海水量が不変であるためには、供給と損失がぴったり釣り合わないといけませんが、特に釣り合う理由もないので、変化していても不思議ではありません。しかし、過去の海水量を調べる手段がないために、地球科学では海水の量は一定だったと仮定するのがふつうでした。特に証拠がないときは、なるべく単純なものにしておくほうが無難だからです。

　ところが、**4.2節**で紹介した新しい地球史観によって、この海水量の変動という難問に取り組むきっかけができました。新しい地球史観をもとにした定量的なモデル計算によると、太古代の海水の量は今より50％ほど多

**図 6.16** 海水量とマントル中の水の量の歴史（Korenaga [2011] による推定）。地球の冷却史と海水量の変動を組み合わせた理論計算に基づいている。濃い陰影は 50% の信頼区間、薄い陰影は 90% の信頼区間に対応している。

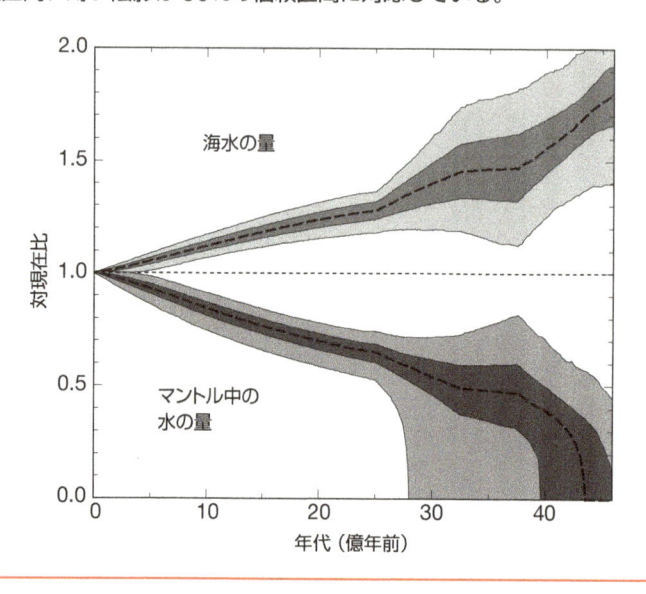

かったと推定されています。つまり、沈み込みによって海の水は少しずつマントルに吸い込まれているということです（**図 6.16**）。

　さて、プレートテクトニクスによって海水が減る傾向にあるとすると、じつはもうひとつ難問が解けることになります。相対標高一定の原理が機能するには、大陸がある程度海面から顔を出していなければならないという問題です。というのも、すべての大陸が海面下にあると、侵食が起こらず、侵食で削られたものの堆積も起こらず、すべてがずっと海面下のままになってしまうからです。はじめから、ちょうどいい海水の量になっていないと相対標高一定の原理が働きません。このように地表に適度な量の水があるのは偶然なのでしょうか？　たんなる偶然なのかもしれませんが、仮に初期地球の海水の量が多すぎたとしても、プレートテクトニクスが起こって海水が少しずつマントルに吸われていれば、大陸地殻がそのうち海面上に出てきます。前節で述べたように、陸地がないと化学風化がほとんど起こらず、大気中の二酸化炭素の量を制御することが困難になります。海水の沈み込みによる陸地の出現は酸素濃度の歴史にも大切かもしれま

せん。

　また、太古代の海水の量が今よりも多いということは、それだけマントルに入っている水の量が少なかったということを意味します（**図 6.16**）。乾いたマントルはその分、粘性率が高くなります。昔のマントルは今より熱かったため、より低い粘性率を持っていたと思われがちですが、今より乾いていたとすると、温度による効果と脱水による効果が打ち消し合い、マントルの粘性率は今も昔もさほど変わらなくなります。これがもし本当だとすると、太古代や冥王代にプレートテクトニクスが起こりやすくなるのです。

　しかし、過去のプレート運動は今よりも遅かったという地球史観そのものが新しいため、このようなマントル対流と大気海洋の歴史とのかかわりについての推測がどれほど正しいのかはまだよくわかっていません。今後の研究に期待したいところです。

## 6.4　火成活動がもたらすもの

　火山と生命環境とのかかわりと聞いて真っ先に思い浮かべるのは、火山噴火によって形成されるエアロゾルの影響でしょうか。火山ガスに含まれる二酸化硫黄は大気中で硫酸エアロゾルになりますが、このエアロゾルは太陽光を反射するため、気温低下を引き起こします。近年の例では、1991 年のフィリピンのピナツボ火山の噴火によって、地球の平均気温が数年にわたり約 0.5 度下がりました。つねに継続している中央海嶺などでの火山活動によって、地球の大気海洋の骨組みがつくられているのは **6.1 節**で述べたとおりですが、突発的な大噴火はまったく別の影響をもたらします。

### 洪水玄武岩と海台

　1991 年のピナツボ火山の噴火は 20 世紀最大規模の大噴火として知られていますが、じつは地球の歴史上起こった大噴火の数々にくらべるとかすんでしまいます。**図 6.17** に示したのは、「**巨大火成岩岩石区（large igneous provinces）**」と呼ばれる過去の大噴火の痕跡です。陸上で発見されているものは**洪水玄武岩（flood basalt）**、海底で発見されているも

**図 6.17** （a）巨大火成岩岩石区の分布（Coffin & Eldholm [1994] に基づく）。黄色の丸は現在活動中のホットスポット火山を示す。（b）海洋プレートの標準モデルによる水深からのずれを示したもの（Korenaga & Korenaga [2008] に基づく）。古い海底ほど深い水深を示すはずだが、この予想から大きく外れる地域（黄色で示した部分）も存在する。海底に存在する巨大火成岩岩石区（海台）のほとんどがこの異常水深域に対応している。

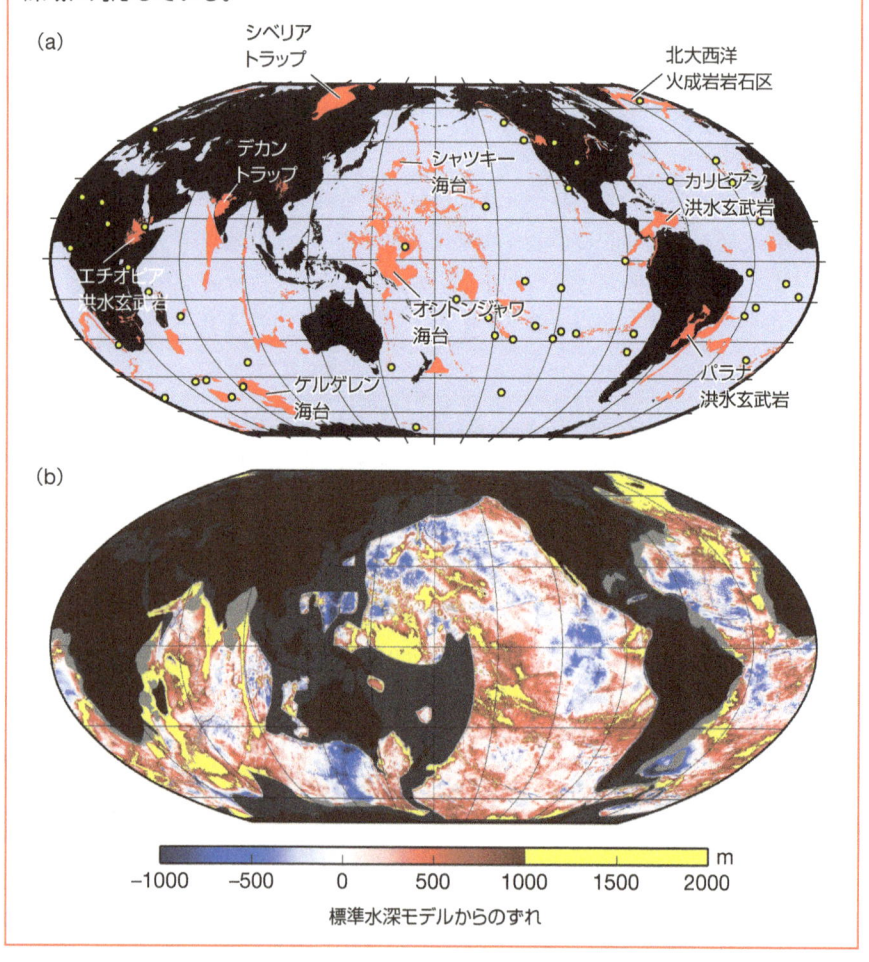

のは**海台**（oceanic plateau）と呼ばれていますが、いずれも比較的短期間で局所的な火山活動によってつくられたものです（注：短期間といっても地質学的にということで、それぞれの火山活動の期間は数百万年程度あります）。たとえばいちばん大きい海台はオントンジャワ海台で、広さが

160万 km² (日本の国土の約4倍)、地殻の厚さが30 kmというとてつもなく大きい代物ですが、1億2000万年前頃にいっきに生成されたことがわかっています。現在できつつある巨大火成岩岩石区がないので、どのくらいのスケールの火山活動なのかを想像するのは難しいのですが、現存する活火山の100倍くらいをイメージするとよいかもしれません。実際、世界最大の活火山であるハワイのマウナロアの体積が7万5000 km³であるのに対し、最近発見された最大の死火山であるタム・マッシフ(シャッキー

**図6.18** (a) マントルプリュームがコア-マントル境界で発生して上昇する際に、先頭がキノコ状になるだろうということが流体力学の実験から推測されている。この膨れ上がった先頭のことをプリュームヘッドと呼び、これが地表に達すると、ふつうのプリュームよりもはるかに規模の大きな火山活動を引き起こすことになる。(b) マントルが化学的に不均質な場合は、融けやすい部分がプレート運動などで地表近くまで持ち上げられることによって、大規模な火山活動を引き起こす可能性がある。

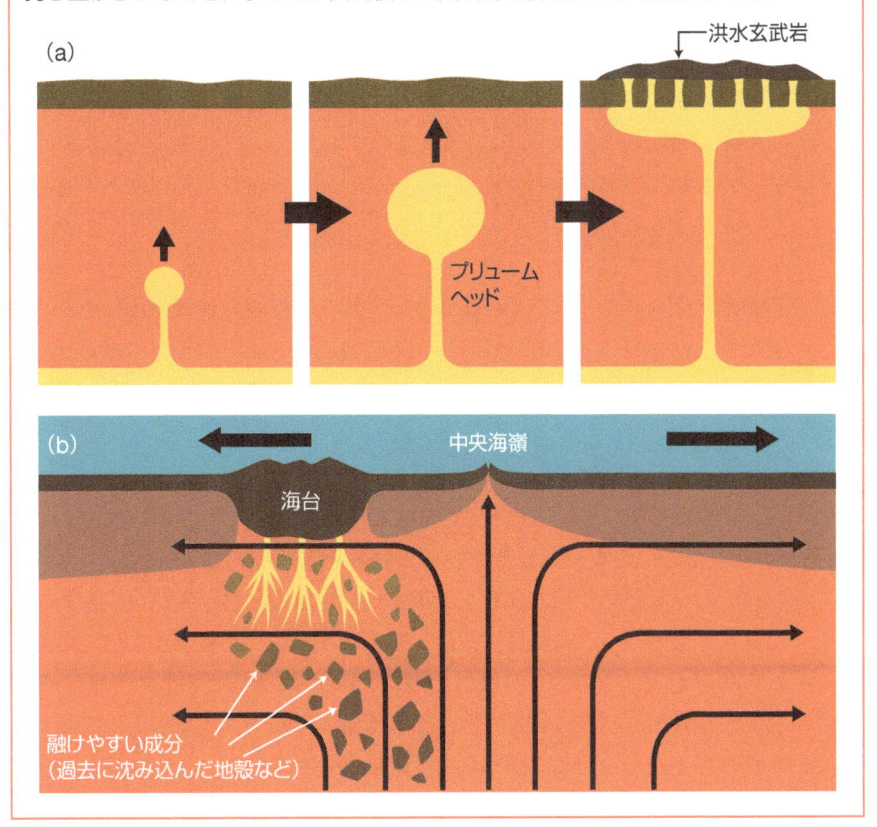

6.4 火成活動がもたらすもの

海台の一部）の体積は約 600 万 km$^3$ もあります。ちなみに、タム・マッシフが活動していたのは 1 億 4000 万年前のことです。

これら巨大火成岩岩石区の成因としてマントルプルーム（**3.3 節**、**図 6.18(a)**）がよく挙げられますが、本当にそうなのかはまだよくわかっていないのが実情です。というのも、巨大火成岩岩石区はその名が示すとおり、とても大きい代物なので、十分に調査すること自体が困難だからです。しかし、わりとよく調べられているものもいくつかあって、マントルプルーム説から予想される特徴がそろっていないものがほとんどです。たとえば、プルームというのはふつうのマントルよりも熱いのですが、そういう熱いマントルの部分溶融からつくられる地殻は独特の化学成分を持ちます。地殻の化学成分まで解明されている巨大火成岩岩石区の数は少ないのですが、そのほとんどがプルーム起源の地殻成分を持っていません。

マントルプルーム説とは別に、マントルの化学成分の局所的な変化が巨大火成岩岩石区の成因だとするマントル不均質説というものがあります（**図 6.18(b)**）。大規模な火山活動、つまり大規模なマントルの溶融が、マントルの温度が高いから起こっているのではなく、マントルの化学成分が違うから起こっているのだとする説です。マントルがどの程度不均質なのか、まだよくわかっていませんが、プレートテクトニクスによってマントルとはまったく違う成分を持つ海洋地殻がつねに沈み込んでいます。沈み込んだ海洋地殻がマントル対流によって均一に混ぜられるには、そうとう長い時間が必要ですから、局所的に不均質になっていても不思議ではありません。

## 生命の大量絶滅の原因？

地球の歴史を語るにあたって、地質年代がよく使われます。この本でも、「顕生代」や「白亜紀」などといった用語をたびたび使っています。「何億年前」という絶対年代ではなく、相対年代である地質年代が今でもよく使われる理由のひとつには歴史的なものがあります。放射壊変を利用した絶対年代測定ができるようになったのが 20 世紀に入ってからなので、それまでの地質学では何百年もの間、地層の層序に基づいた相対年代を使ってきたのです。しかし、地質年代は生命の進化と密接なつながりがあるというのも大切な理由です。

4.2 節で述べたように、いちばん大きな区分である「顕生代」「原生代」「太古代」「冥王代」は化石試料や岩石試料の存否に基づいており、顕生代はさらに「古生代」「中生代」「新生代」と分かれていて、それぞれの代はさらに

**図 6.19** (a) 顕生代の生物の多様性と地質年代（Sepkoski [1990] に基づく）。矢印は大量絶滅でも特に規模の大きなもの（"Big 5"）を指している。(b) 地質年代境界と巨大火成岩岩石区の年代の相関（Courtillot & Renne [2003] に基づく）。

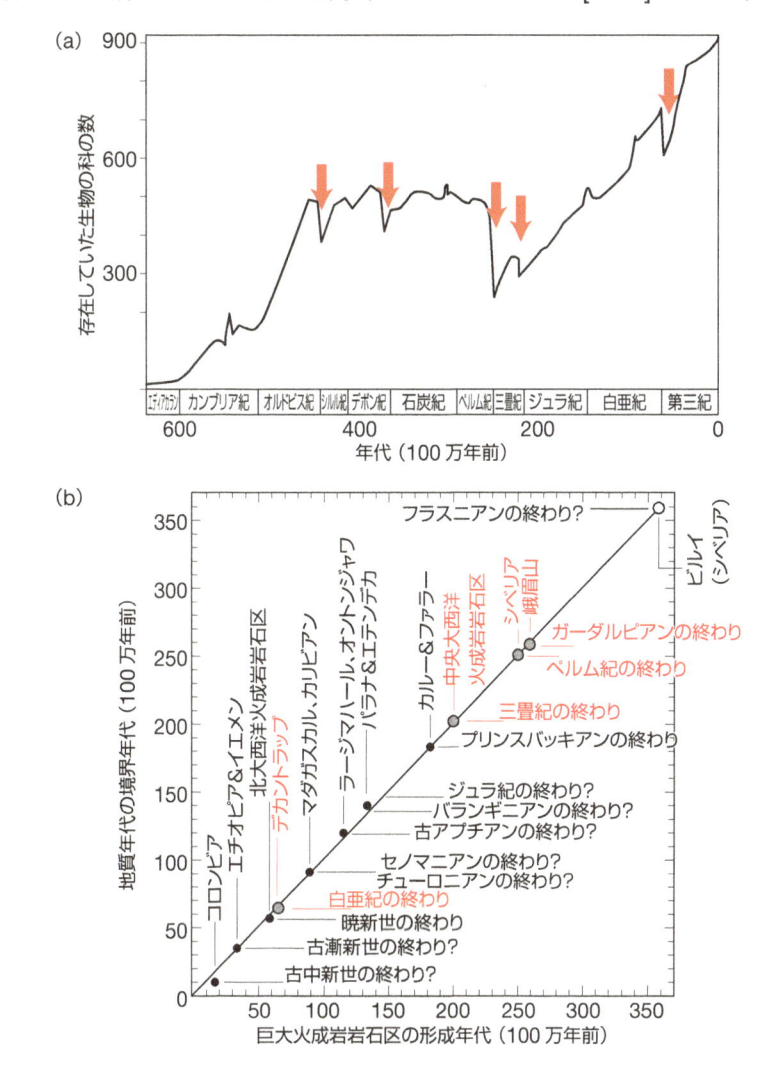

6.4 火成活動がもたらすもの | 149

「カンブリア紀」「オルドビス紀」「シルル紀」などと分かれています。顕生代でのこのような細かい区分はすべて生命の**大量絶滅**（mass extinction）に基づいています（図6.19(a)）。ある地層でよく見られていた化石が、その上の地層になるとぱったりと出てこなくなるというのは、とてもわかりやすい観測事実です。世界各地で得られたこのような地層の観測を総合して、地質年代がつくられています。いちばん有名な大量絶滅は、白亜紀の終わりに起こった恐竜の大絶滅でしょう。しかし、生物の大量絶滅は何度も起こっていて、ペルム紀の終わり、つまり古生代と中生代の境目には白亜紀末をしのぐ生物史上最大級（種レベルでの絶滅率が90％以上）の絶滅が起こったとされています。

じつは、これらの生物の大量絶滅の多くが、火山活動によって引き起こされたのかもしれないのです。図6.19(b)に示したように、巨大火成岩岩石区が形成された年代と大量絶滅が起こった年代をくらべてみると、じつにみごとに対応しています。海底火山である海台の形成は大気に直接の影響はもたらしませんが、洪水玄武岩の形成は、ピナツボ火山の噴火とはくらべものにならないくらい大量の噴出物を長期間にわたって大気に放出したことでしょう。硫酸エアロゾルが長期にわたって大気に存在することによって平均気温が世界的に下がるので、生命環境に大きな影響を与える可能性は十分にあります。白亜紀末の恐竜絶滅は隕石の衝突によって引き起こされたとする説が非常に有力ですが、図6.19(b)にあるように、白亜紀末はデカントラップという有名な洪水玄武岩が形成された時期でもあります。隕石の衝突の前から、さまざまな種が絶滅しはじめていたという古生物学的証拠もあるので、長期にわたる火山活動による影響もあったのかもしれません。

大量絶滅というと響きが悪いかもしれませんが、生命は大量絶滅を経験しながら、大きく進化してきたという見かたもできます。実際、白亜紀末に恐竜が絶滅しなかったら、哺乳類はさほど進化できなかったかもしれませんし、そうなるとわれわれ人類の存在も危うくなります。巨大火成岩岩区の成因はまだ謎が多いのですが、もしかするとプレートテクトニクスで生みだされるマントルの不均質性がめぐりめぐって、生命の進化に適度な（？）刺激を与えてきたのかもしれません。

An Illustrated Guide to Plate Tectonics

# 第7章

# プレートテクトニクスはいつか終わるのか

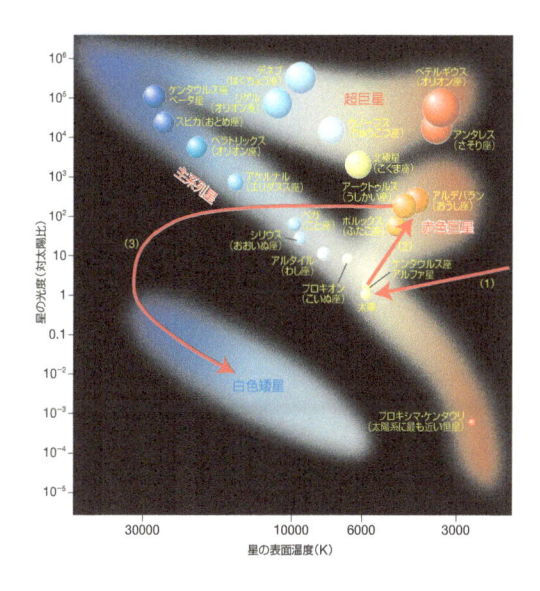

この宇宙は約140億年前のビッグバンからはじまって以来、ずっと膨張を続けています。この先もずっと膨張し続けるのか、それともいつか収縮に切り替わるのか、宇宙の終焉についてはいろいろな説があるようです。存在するとされているダークマターやダークエネルギーの正体がまだよくわかっていないので、このあたりの宇宙論はどうしても曖昧になります。また、そもそも宇宙が数千億年後にどうなっているのかという未来の話がピンとこない人もいるでしょう。

　これにくらべると、地球の未来については、かなりはっきりしたことがいえます。もちろん、地球温暖化といった今後数十年の短期間の変動に関しては、さまざまな不確定要素があるので予想もばらつくのですが、数百万年を超える時間スケールになると、だいたいのところは決まってきます。人類（ホモ・サピエンス）が登場したのが、約20万年前とされていますが、さて地球はあとどのくらい人が住める惑星でありうるのでしょうか？この問いに答えるにはプレートテクトニクスと太陽の進化との関係を考えなくてはなりません。

## 7.1 地球の冷却

　4.2節で紹介した地球の熱史の理論計算を地球の今後に適用すると、図7.1のような結果が得られます。内部熱源である放射性壊変元素の量は時間とともに減っていくので、基本的に地球は冷え続けるだけです。このとき、マントルの対流はどのような変化をするでしょうか？　マントルの部分溶融を考慮すると、熱いマントルほどゆっくり対流するはずと説明しましたが、逆に今より冷たくなると、部分溶融する部分が徐々に少なくなり、マントル対流の速度は単純に粘性率の温度依存性で決まるようになります。つまり、冷たいマントルほどゆっくり対流するようになります。ですからこの先は、内部熱源の量もどんどん減っていくのですが、マントル対流による熱散逸も低下するので、地球の冷却はゆっくりしたものになります。マントルの温度は今後10億年で100度下がりますが、さらに100度下がるのはそれからさらに30億年後のことです。

　さて、マントル対流の速度が遅くなると、プレートテクトニクスそのも

のが起こらなくなる可能性が出てきます。理論計算によると、約20億年後にプレートの平均速度が年間1cm以下になり、硬殻対流に近くなります（**図7.1**）。そうすると炭素循環の大切な要素である堆積物の沈み込みが起こらなくなり、ユーレイ反応が止まってしまいます。**第6章**で化学式を

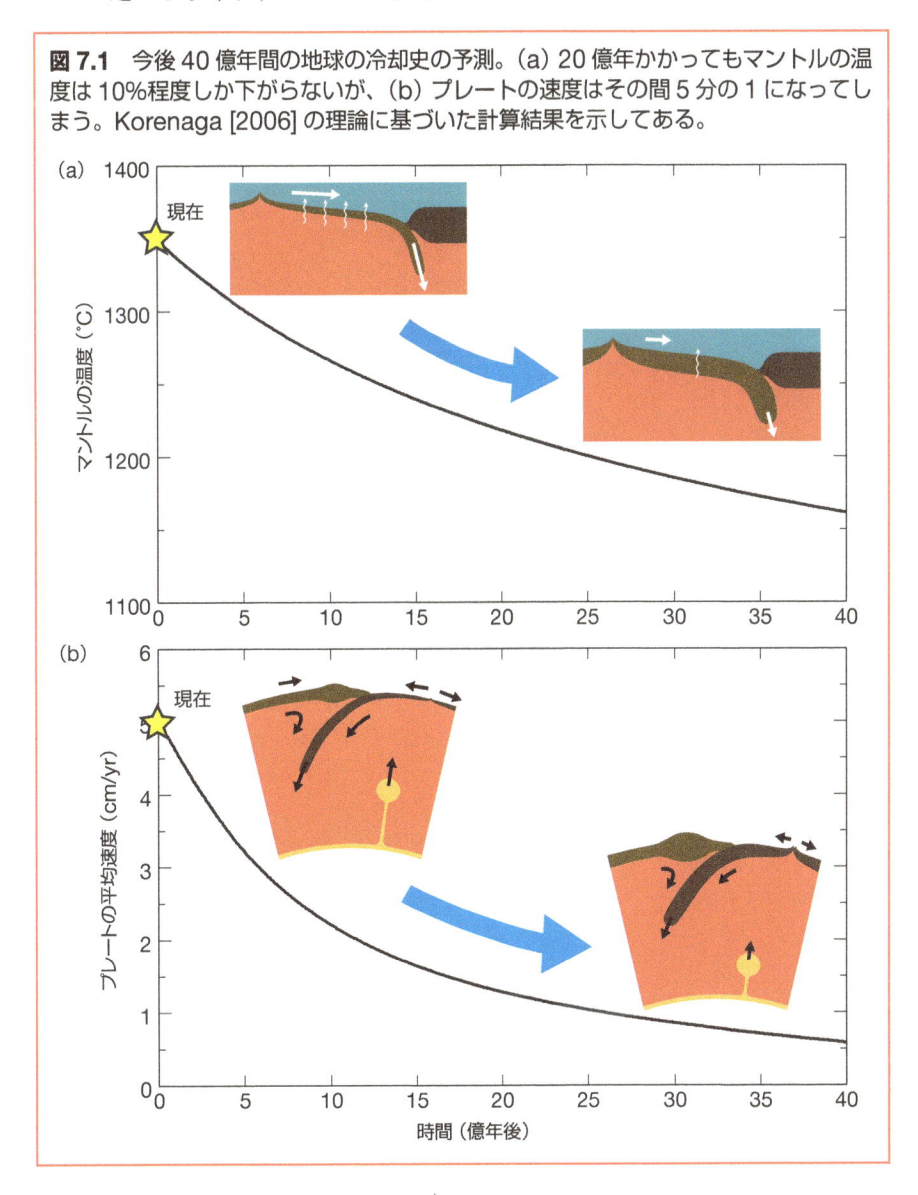

**図7.1** 今後40億年間の地球の冷却史の予測。(a) 20億年かかってもマントルの温度は10%程度しか下がらないが、(b) プレートの速度はその間5分の1になってしまう。Korenaga [2006] の理論に基づいた計算結果を示してある。

用いてユーレイ反応を説明しましたが、堆積物が海にたまり続けると、式②と式③（133ページ参照）で示した化学反応が起こらなくなるのです。そうなると、火山活動で放出される二酸化炭素は大気に蓄積するほかありません。またマントルの冷却率が低くなると、コアのダイナモ運動も遅くなり、地球磁場が弱くなったり消滅したりするかもしれません。大気中の大量の二酸化炭素による温室効果で気温は上昇し、海水はすべて水蒸気となり、磁場で守られなくなった上層大気から宇宙空間に散逸していく可能性が出てきます。

しかし、じつはこれよりずっと前に、地球の地表環境は太陽の進化によって壊滅的な影響を受けるのです。

## 7.2 太陽の一生と海洋の蒸発

### 輝きを増していく太陽

二酸化炭素の歴史のところで触れましたが（**6.2節**）、太陽の光度は少しずつ上昇していると考えられています。このことを理解するために、まずは星の進化について少し学ぶことにしましょう。

太陽はとりわけ大きくも小さくもない、**主系列星（main sequence）** と呼ばれるごくありふれた恒星のひとつです（**図7.2**）。恒星はどれをとっても、まず星間物質が重力によって収縮するところからはじまります。重力による収縮に伴い重力ポテンシャルエネルギーが解放されるので、収縮している部分の温度がどんどん上がっていきます。この状態を**原始星（protostar）** と呼びます。原始星がさらに収縮して、星の中心温度が1000万度を超えると、水素からヘリウムがつくられる核融合がはじまります。核融合が生みだすエネルギーによって、収縮が押しとどめられ、主系列星となります。核融合は中心の水素が枯渇してヘリウムの核ができるまで続きます。

核融合によって水素からつくられるヘリウムが増えるにしたがって、太陽の密度は徐々に高くなります。密度が高くなると核融合の効率がよくなるので、その分太陽は明るく輝きます。理論によると、太陽くらいの質量

**図 7.2** ヘルツシュプルング・ラッセル図。恒星の分布と太陽の一生を表す。①の経路は星間物質の収縮にあたり、約10万年で完了する。太陽は主系列星になると100億年くらい核融合を続けて、それが終わると、②の経路をたどって赤色巨星となる。赤色巨星になるとヘリウム核のまわりの水素が核融合するようになり、その状態が10億年くらい続く。それからヘリウム核でも核融合が起こるが、1億年くらい経つとそれも終わり、③の経路をたどって白色矮星となる。主系列星の中では温度が高いほど（色が青いほど）星の質量が大きく、おとめ座のスピカは太陽の10倍以上の質量がある。大きい星ほど核融合の効率がよいために寿命が短く、シリウスは10億年、アケルナルは1億年、スピカは1000万年で燃え尽きてしまう。

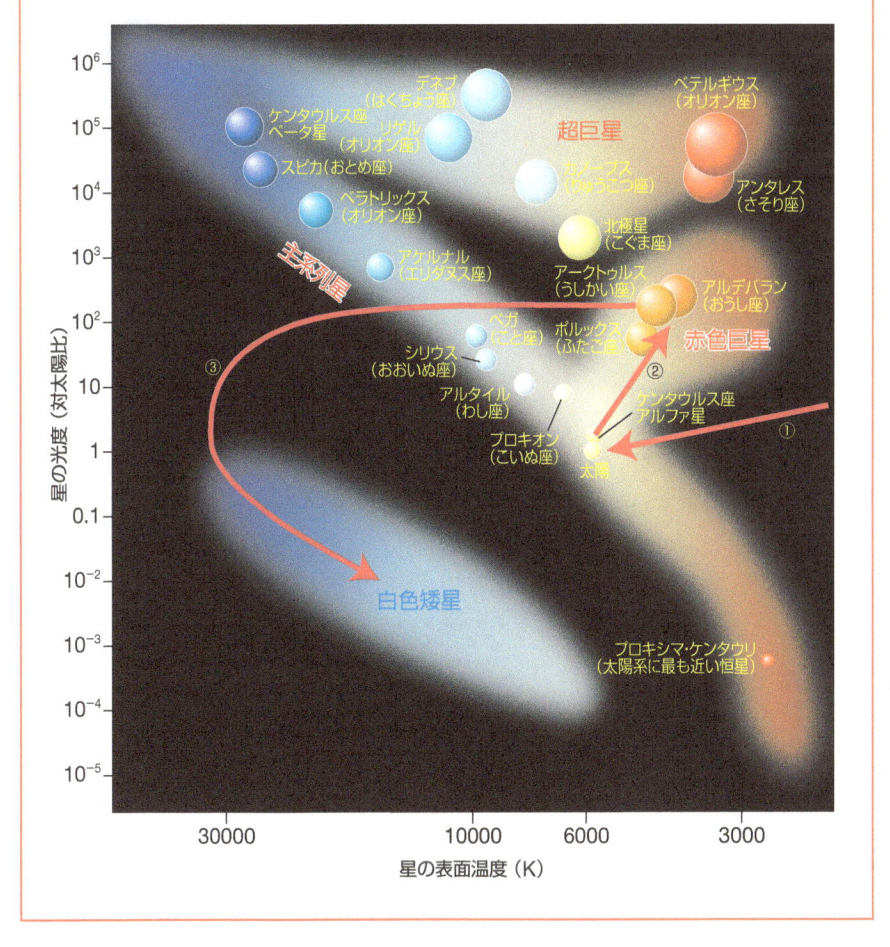

の恒星だと、1億年ごとに1%の割合で光度が上昇すると考えられています。そして今から50億年くらい経つと、とうとう中心部の水素が枯渇し

てヘリウムの核ができます。ヘリウムの核がさらに収縮して中心部の温度が上がり、そのためまわりの水素が膨張します。膨張すると星の表面温度は下がり、赤く見えるようになるので、この状態の恒星を**赤色巨星（red giant）**と呼びます。赤色巨星となった太陽は、水星を簡単に飲み込んでしまうほどの大きさで、現在の 1000 倍も明るくなります（**図 7.2**）。

## 海洋とプレートテクトニクスの寿命

　地質学的時間スケールで考えても、赤色巨星になるのはかなり先の話ですが、それを待たずして、地球は生命の住めない惑星になってしまいます。**6.2 節**で説明したように、大気中の二酸化炭素の量は炭素循環という負のフィードバックによって制御されています。太陽の光度が上がると、それに応じて二酸化炭素の濃度が下がるのですが、いずれはゼロになり、それ以上下がることができなくなります（**図 7.3**）。そうすると、気温が上昇して海洋が蒸発し、金星で起こったと考えられている暴走温室効果（**5.2 節**）によって、地表の水が宇宙空間に散逸してしまうのです。理論計算によると、この事態は太陽の光度が今より 10% 高いと起こるので、10 億年後にはこうなってしまうと予想されます。

　地表の水がなくなると、おそらくプレートテクトニクスも機能しなくなるので（**5.2 節**）、プレートテクトニクスの寿命はあと 10 億年といったところでしょうか。プレートテクトニクス自体が海水をマントルに吸わせている可能性がありますが（**6.3 節**）、これはかなりゆっくりとした過程なので、海水が全部マントルに沈み込んでしまうよりも、まぶしくなった太陽によって蒸発してしまう方が先だと思われます。

　というわけで、あと 10 億年くらいは、地球は人の住める惑星のままかもしれません。しかし、生物はこの先いったいどのような進化を遂げるのでしょうか？　過去何回も起こった大量絶滅のような大事件によって、想像もつかないような種が誕生するのでしょうか？　隕石の衝突は確率が非常に低い事象ですが、10 億年の間には何回かはあってもおかしくないでしょうし、巨大火成岩岩石区も頻繁に形成されることでしょう。その前に文明が滅亡してしまうような気もしますが、せっかくあと 10 億年も住める惑星にいるわけですから、なんとか賢明に生きていきたいものです。

**図 7.3** 太陽の光度変化によってもたらされる二酸化炭素の濃度変化と気温の変化（Caldeira & Kasting [1992] に基づく）。二酸化炭素の濃度が 10 ppm を下回ると、植物が光合成できなくなり絶滅してしまうことも考慮されている。

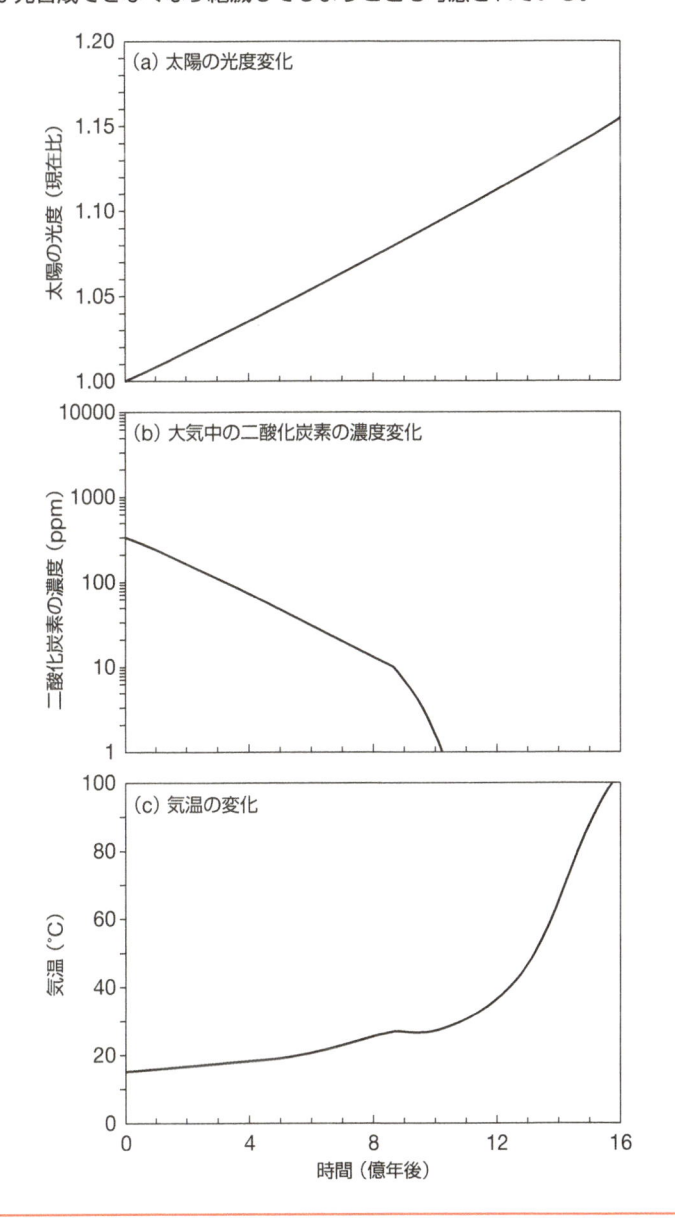

(a) 太陽の光度変化

(b) 大気中の二酸化炭素の濃度変化

(c) 気温の変化

## column　地球近傍小惑星と人類の未来

　白亜紀末の恐竜絶滅をもたらしたと考えられる巨大隕石の衝突が今後繰り返される可能性は、どのくらいあるのでしょうか？　1998年のハリウッド映画『アルマゲドン』はそういう可能性をもとにしたヒット作ですが、科学的検証がなされていない無茶苦茶な代物でした。なにせ、テキサス州の大きさ（約1200 km四方）に匹敵する小惑星が接近してくるというところから話がはじまるのですから……。

　白亜紀末に地球に衝突した隕石の痕跡は1991年にメキシコのユカタン半島で発見され、衝突クレーターの大きさから、隕石の直径は約10 kmと見積もられています。この隕石がどこからやってきたかは解明されていませんが、似たようなサイズの天体は地球のまわりに数多く存在します。火星と木星の間にある小惑星帯には数十万もの小惑星が集中していますが（最大の小惑星ケレスの直径は約950 km）、それとは別に地球に接近する軌道を持つ小惑星もあり、これらを地球近傍小惑星と呼びます。これまで1万個以上発見されていて、直径が1 kmを超えるものが約1000個あります。NASAはこれらの小惑星の軌道をすべて計算していて、今後100年以内に地球に衝突することはないとしています。確率でいうと、直径1 km程度の小惑星が地球に衝突するのは100万年に数回、直径5 kmになると1000万年に1回程度です。

　しかし、直径1 km以下の隕石でも、衝突すれば絶大な災害をもたらします。直径200 mの隕石が東京に落ちたら、都心はほぼ壊滅してしまうでしょうし、もし海に落ちたら、大津波を引き起こすため、沿岸都市にそうとうの被害をもたらすことでしょう。そして、小さい小惑星は大きい小惑星よりはるかに数が多く、はるかに見つけにくいのです。

　文明が進化するにつれて守るべきものが増えますが、地震、火山、そして隕石といった壮大なスケールの自然現象に対して人類ができることは相変わらず限られています。そのような天災の起こる頻度が低いことが唯一の救いですが、逆に頻度が低いために、いざというときに何の用意もしていなかった、という事態になりがちなのも事実です。

An Illustrated Guide to Plate Tectonics

第 **8** 章

# プレートテクトニクス理論の これから

プレートテクトニクスは、今のところ、地球でしか確認されていない不思議な形態のマントル対流です。この現象を徹底的に理解できれば、生命の誕生や進化といった宇宙の謎にも迫ることができる可能性があります。しかし、ウェゲナーが大陸移動説を提唱した際に、検証に必要な物理の知識や観測事実がなかったのと似たような状況が、われわれを取り囲んでいます。プレートテクトニクスが起こっているということは確かなのですが、それより先に踏み込もうとすると、とたんにほとんどのことがあやふやになるのです。しかし、この暗闇の中にいるようなときこそが、大きな発見のチャンスかもしれません。この章では、今後の展望について解説します。

## 8.1 地球科学の難しさ

地球科学とひと口にいっても、大気海洋科学と固体地球科学ではかなり異なる分野ですが、どちらの分野も、たんなる物理や化学の応用ですむような単純なものではありません。解くべき微分方程式が判明していて、原理的には数値計算で解けるときでも、初期条件が未知だったり、大切な物性がわかっていなかったりすることが多くあります。もっとひどい場合には、そもそも使っている方程式が正しいのかどうかすら疑問なこともあります。対象の規模の大きさや複雑さだけが問題なら、コンピュータをフル回転させて力技で解ける場合もあるでしょう。しかし、地球科学の難問と呼ばれるもののほとんどは、根本的なところがわかっていないことが障害になっているのです。

しかし、材料がすべてそろっていないからお手上げだ、といって投げ出してしまっては元も子もないので、少しでも前進できるよう、研究者は日々悪戦苦闘しています。複雑なシステムをできるだけ単純にしてみたり、システムの一部分を取り出して詳しく検討してみたり、観測事実から経験則を探してみたり、室内実験で基礎物性を求めてみたりなどなど、さまざまなアプローチがあります。地球科学のおもしろいところは、じつに数多くの問題があり、その各々についていろいろな方法で考えられることでしょうか（162-163ページの**図8.1**）。観測、実験、理論といった研究スタイルの違いに加えて、物理的にとらえるか、化学的に考えてみるか、もしくは

生物学的な事柄に注目してみるかといった選択肢もあります。

　地球はひとつのシステムですから、これらの異なるアプローチは深いところでみなつながっています。ある一部分についての研究成果が、思わぬところでほかの部分についての発展に貢献することもあります。どの学問分野でも、発展するにつれてどんどん細分化され、専門性が高まる傾向にありますが、時には全体を見渡そうとする努力が地球科学では特に大切です。また、科学は理論の構築と観測、実験による検証の繰り返しで進歩するものです。これらのことを念頭に置いて、プレートテクトニクスに関する難題を振り返ってみることにしましょう。

# 8.2 プレートテクトニクスの3つの謎

## なぜ地球ではプレートテクトニクスが起こっているのか

　これまでの章で、プレートテクトニクスについてまだよくわかっていないことを折に触れて紹介してきましたが、やはりいちばん大切なのは「なぜ地球ではプレートテクトニクスが起こっているのか」という問題でしょう（**図8.2**）。マントルの物性を考えると、硬殻対流になっているのがいちばん自然なのですが、地球ではなぜかそうなっていないのです。海洋性リソスフェアは十分に柔らかくならないと沈み込めないのですが、どういう理由で柔らかくなっているのかがまだわかっていません。

　仮説はいくつか提唱されていますが、「それが正しいかどうか」という検証が困難です。たとえば、**5.2節**では熱クラック仮説を紹介しましたが、本当にそういう割れ目が存在するのかどうかは、まだわかっていません。理論計算によると、幅が数十mほどの割れ目が数十km間隔で形成されているはずですが、海底の地下の構造はそこまで詳しく判明していないのです。地震学的手法と電磁気学的手法をうまく組み合わせれば、十分に検出可能なレベルなので、今後の調査に期待したいところです。またほかにも「粘性率の温度依存性はじつはそれほど高くないのではないか」「何か別の理由でできた断層をうまく使い回すことによって、沈み込みを可能にしているのではないか」「応力集中を引き起こす正のフィードバックが存在して、局

**図8.1** 固体地球科学とひと口にいってもじつにさまざまな分野がある。地震学ひとつとっても、地震波を使って構造を推定する「構造地震学」と、なぜ地震が起こるのかなどを調べる「地震発生学」の2つがある。さらに構造地震学では人工地震を使って比較的浅い構造を調べるタイプと、自然地震を使って地球深部を調べるタイプの2つがある。このように分類していくと、数十の異なる分野があり、各々の分野で数多くの研究者が活動している。

フィールド調査する地質学者

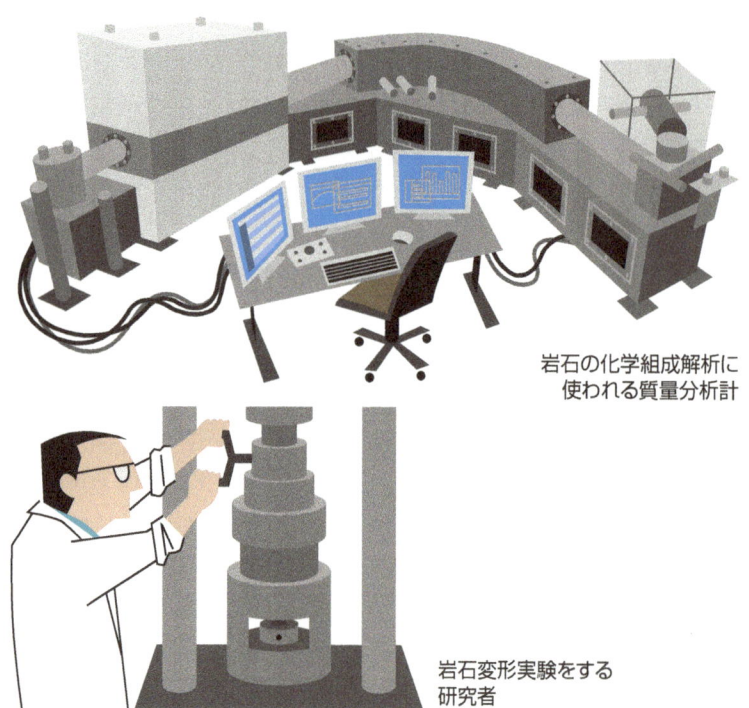

岩石の化学組成解析に使われる質量分析計

岩石変形実験をする研究者

測地学の観測に使われる
人工衛星

海底下からサンプルを集める
掘削船

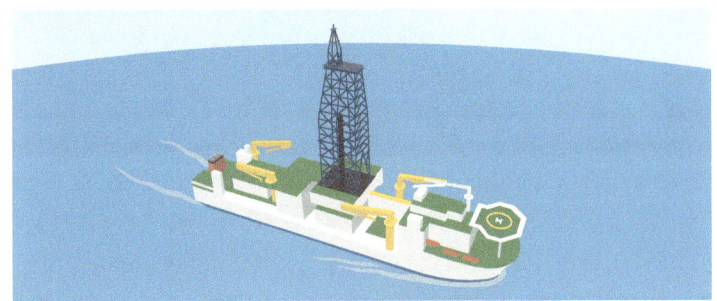

地震波を解析する
地震学者

マントルやコアでの
対流計算などに使われる
スーパーコンピュータ

8.2 プレートテクトニクスの3つの謎

**図 8.2** なぜ地球ではプレートテクトニクスが起こっているのか？　とてつもなく硬いはずのプレートが沈み込み帯で曲がることができるのはなぜなのか？　プレートを柔らかくしている「犯人」はいったい誰なのだろうか？

所的に大きな変形を可能にするのではないか」などのアイデアがあります。とにかく大切なのは、たんに海洋性リソスフェアを柔らかくするだけの仕組みではいけないということです。金星や火星では硬殻対流になるけども、地球ではプレートテクトニクスになるというところが説明できないといけません。

　数値計算によるマントル対流のシミュレーションなどの理論的考察も重要ですが、今後さらなる発展が望まれるのは、海洋性リソスフェアの微細構造についての観測でしょう。プレートテクトニクスの本質は海洋性リソスフェアの沈み込みですから、鍵はやはり海洋性リソスフェアにあるはずです。大陸移動の謎を解く鍵が海底の地磁気縞模様に隠されていたように、プレートテクトニクスの起源も海洋性リソスフェアについての観測によって最終的に解明されるかもしれません。

## 昔のプレートテクトニクスは今より活発だったのか

　次に、「プレートテクトニクスの過去の様子」も大きな問題です（**図 8.3**）。**第 4 章**では、昔のプレート運動が今よりも遅かった可能性を指摘しました。これを支持する証拠もいくつか発見されていますが、過去数十億年の地球の歴史に関することですから、証拠といっても断片的なもので、今後の研究でどうなるかはまだわかりません。地球の熱収支の観点からは、昔のマ

**図 8.3** 昔のプレートテクトニクスは速かったのか、遅かったのか？ 決定的証拠はこの地球のどこかに眠っているはず…。

ントル対流が今より遅いと都合がいいのですが、ではなぜ遅かったのかということも説明しなくてはなりません。

　**4.2 節**ではマントルの部分溶融の影響を考えましたが、じつはほかの可能性も指摘されています。たとえば、マントルの温度が高くなると、マントルを構成している鉱物の粒径が大きくなるために粘性率が高くなる、という仮説もあります。また、海水が沈み込みによってマントルに吸われているとすると（**6.3 節**）、昔のマントルほど乾いていたということになり、その分粘性率が高かった可能性もあります。マントルが今より熱かったときでも、水分が今よりずっと少なければ、粘性率が今より高くなってもおかしくはありません。

　プレートテクトニクスが遅かったか速かったかを検証するのは、地質学的調査に頼るところが大きいですが、その物理的理由を説明するには、室内実験や地球化学的なアプローチも大切になってきます。マントルの粘性

率はマントル対流の物理にとって最重要な物性ですが、まだよく理解されていません。粘性率を求めるには岩石の変形実験が必要になりますが、高温高圧下でおこなうには依然としてたいへん難しい実験なのです。また、昔のマントルが全体的に乾いていたのかどうかに関しては、その痕跡を岩石の化学成分に求めることになるでしょう。どの岩石のどの成分がそれを検証できるのか？　はたしてそのような岩石の試料が数多く存在して、マントルの平均的な状態を物語れるのか？　暗中模索の状況がしばらく続くかもしれませんが、地球化学はさまざまな可能性に満ちた学問ですから、画期的な発見がなされるのも夢ではないでしょう。

## プレートテクトニクスはいつはじまったのか

　最後の大物は「プレートテクトニクスはいつはじまったのか」という難問です。これは地質データの限界に挑戦する問題なので、決定打がはたしてこの先出てくるかどうかを予想するのが難しいのですが、絶対に解決できないともいいきれません。冥王代にはじまったとすると、ジルコンという鉱物（**4.3節**参照）が持つ化学的情報をどれくらい正しく解読できるかにかかってくるでしょう。太古代にはじまったとしても、局所的な地質データから、プレートテクトニクスという地球規模の現象を推測しなくてはならないという難関があります（**図8.4**）。

　いずれにしても、断片的なデータを正しく解釈できるだけの理論的枠組みを用意しておかなければなりません。プレートテクトニクスがなぜ起こるのかを説明しようとする試みは、そのような枠組みをもたらしてくれるはずです。別の理論的なアプローチとして、初期地球のマグマオーシャンから迫ってみることもできます。マグマオーシャンの最期はマントル対流の出発点です。マントル対流の理論的研究では、初期条件についてはわからないことが多すぎるので不問にするのが長年の風潮でした。マグマオーシャンの一生を理論的に突き詰めることによって、新しい切り口が得られるかもしれません。

**図 8.4** プレートテクトニクスはいったいいつからはじまったのだろうか？ 40 億年以上の前のことになると、ジルコンという鉱物が持つ情報に頼らざるをえない。冥王代の年代を持つジルコンはこれまでオーストラリアの Jack Hills という地域でしか発見されていない。このきわめて局所的な観測事実から、冥王代のテクトニクスをどれだけの信頼度で推定できるだろうか？

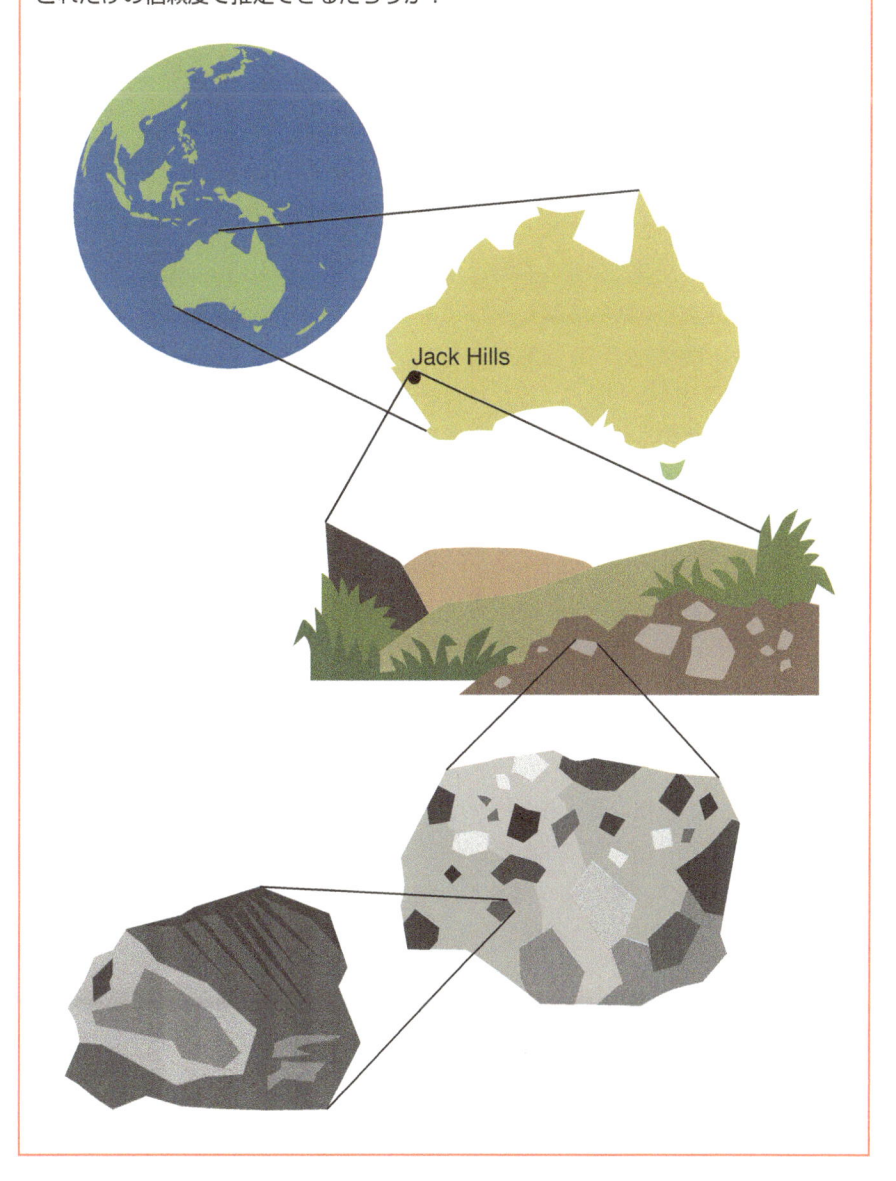

## 8.3 プレートテクトニクスが関係するその他の難題

前節で述べた3つの難問はプレートテクトニクスそのものに関するものです。しかし、プレートテクトニクスというマントル対流は地球のほかの部分と密接な関係を持っているので、ほかにもいろいろとおもしろい問題が山積みです。いくつかの例を紹介しましょう。

### 暗い太陽のパラドックス

前章で説明したように、太陽の光度は時間とともに少しずつ上がっています。ということは昔の太陽は今よりも暗かったはずで、太古代の頃には今よりも20〜30%も暗かったとされています。そうすると、大量の温室効果ガスがない限り、全球凍結してしまうほど気温が下がってしまうのですが、それほど大量の二酸化炭素があったという証拠はありません。しかし、太古代にも海は存在したという地質学的証拠はあるのです。この問題は「**暗い太陽のパラドックス（faint young Sun paradox）**」として長らく議論されてきました（**図 8.5**）。いったい何によって、地球は全球凍結をまぬがれたのでしょうか？　二酸化炭素の代わりにメタンなどの温室効果ガスが大量に存在したのではないかという説が有力ですが、（海洋よりも反射率の高い）陸地が少なかったために、太陽光を効率よく吸収できたのではないかという説も最近出てきました。陸地の面積がどのように変化したのかは、化学風化の観点だけでなく、惑星全体のエネルギー収支にも重要というわけです。

大陸地殻が海面から顔を出しているかどうかには、プレートテクトニクスと海水の量の関係（**6.3節**）が絡んできます。また、大気成分もプレートテクトニクスによって制御されています（**6.2節**）。初期地球において、プレートテクトニクスと大気海洋はどのように相互作用したのでしょうか？暗い太陽のパラドックスの最終的な解決には、マントル対流を含めた地球システム全体の理解が必要かもしれません（**図 8.6**）。

### 大陸地殻の厚さ

大陸の相対標高を考えるにあたって、大陸地殻の厚さも大切な要素です。

**図 8.5** 暗い太陽のパラドックス。昔の太陽は今よりも暗かったので、大気中の二酸化炭素の量が今と同じだとすると、十数億年前以前の地球は全球凍結の状態に陥ってしまう（Kasting & Catling [2003] に基づく）。

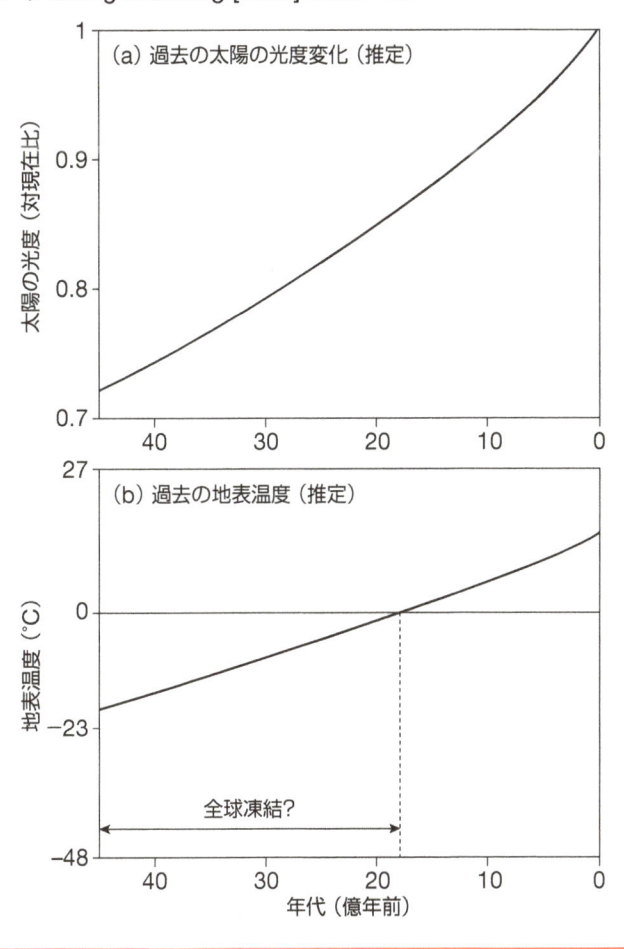

(a) 過去の太陽の光度変化（推定）

(b) 過去の地表温度（推定）

全球凍結?

年代（億年前）

現在の大陸地殻の平均的な厚さは 40 km ですが、なぜそうなのかを説明できる人はまだいません。現在の海洋地殻の厚さは約 6 km で、これは中央海嶺下のマントルの部分溶融によって、それだけの地殻に相当するマグマが生みだされるためです。部分溶融の割合はマントルの温度で決まっていて、今より熱いマントルだとより多く融けて、その分海洋地殻も分厚くなります。それでは、大陸地殻の厚さはいったい何によって決まっているの

8.3 プレートテクトニクスが関係するその他の難題

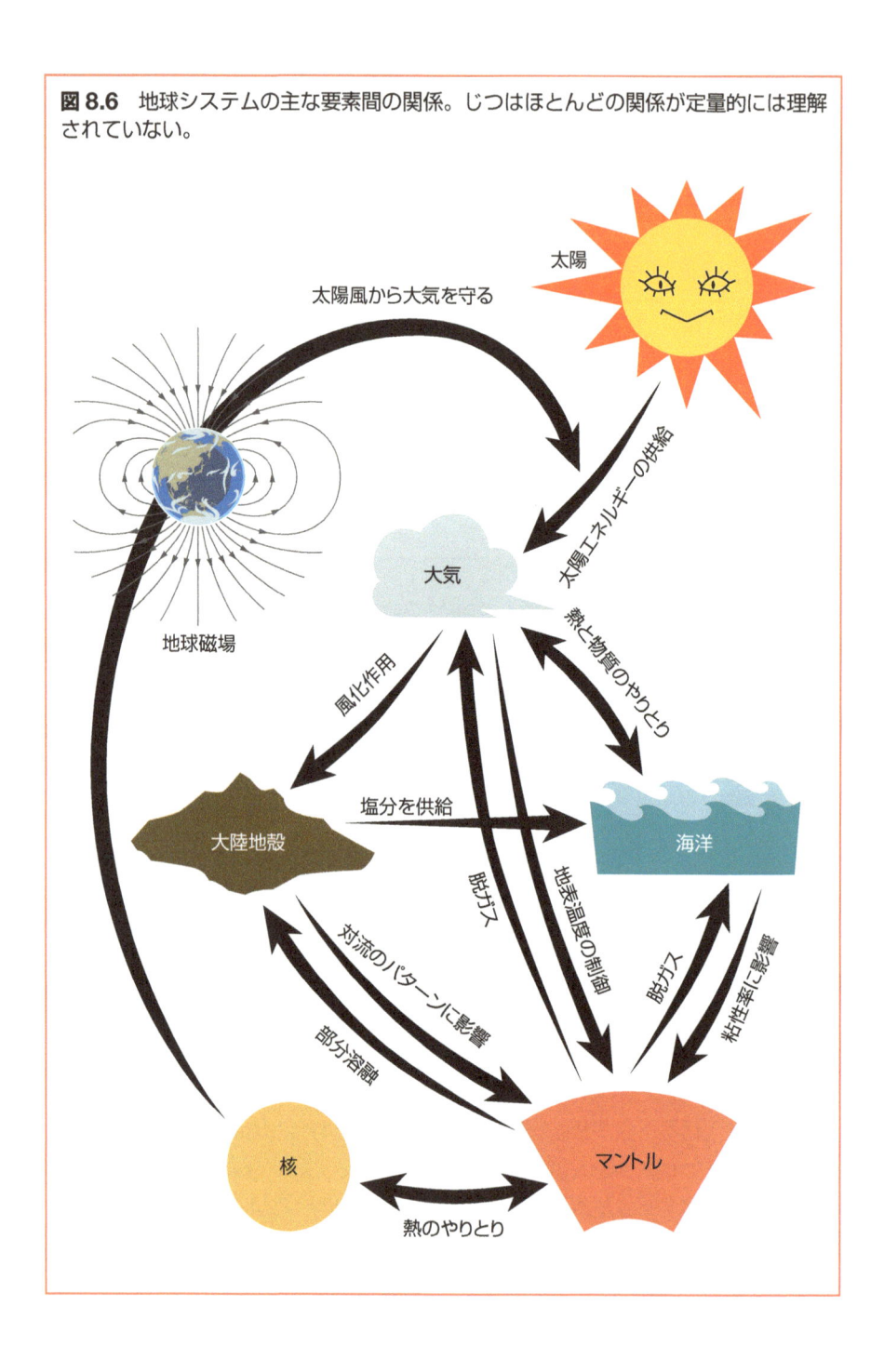

**図 8.6** 地球システムの主な要素間の関係。じつはほとんどの関係が定量的には理解されていない。

でしょうか？　たとえば、なぜ 20 km ではなくて 40 km なのでしょう？同じ体積の大陸地殻でも、厚さが 20 km だったら面積は倍になります。しかし、それだと、すべて海面下に沈んでしまうでしょう。

　大陸地殻の形成には、プレートテクトニクスに伴う沈み込み帯での火山活動（**3.3 節**）が重要と考えられていますが、ここに何か秘密があるのでしょうか？　それとも形成後の造山運動や大陸分裂といったテクトニクスが大切なのでしょうか？　ひょっとすると、地殻の下にある大陸性リソスフェアが重要な役割を果たすのかもしれません。あまり注目されていない問題のように思うのですが、考えだすとたいへん難しいことがわかります。

## 地球磁場と海

　マントル対流による核の冷却は地球磁場の生成に必要不可欠です。一方、地球磁場の存在が、プレートテクトニクスに必要な地表の水を保持している可能性もあります（**5.2 節**）。しかし、惑星磁場が水の保持にどれだけ役立つのかは、専門家の間でも意見が分かれるところです。太陽風が惑星にどのような長期的な影響をもたらすのか、詳しいことはまだよくわかっていないのです。この問題に取り組むには、宇宙空間物理学、地球ダイナミクス、大気科学といった異なる分野の壁を超えた研究協力が必要になります。

## これからの地球科学に期待すること

　1960 年代に登場したプレートテクトニクス理論によって、固体地球科学は革新的な飛躍を遂げました。ありとあらゆる現象がプレートテクトニクスによって説明できることがわかり、さまざまな専門分野が確立されました。しかし、地球科学は最近ようやく出発点に立ったのではないかとも思うのです。地球というのはじつに壮大で複雑なひとつのシステムです。これまでの研究のおかげで、個々の要素がどのように振る舞うのかの見当はだいたいつくようになりました。今後も、それぞれの専門分野を突き詰めることも重要ですが、異なる要素の相互作用を理解しないと解明できないことも多々あることでしょう。なぜ地球には生命が誕生したのか、生命と地球環境はどのような影響をおよぼし合ってきたのか、地球はどれだけ特殊な惑星なのか、などといった本質的な問題にはすべて学際的なアプロー

チが大切になってきます。勉強しないといけないことも多いのですが、21世紀の地球科学では、学際的な大発見が数多くなされるのではないかと期待しています。

## おわりに

　一度は葬り去られた大陸移動説がプレートテクトニクスとなって生まれ変わったのが1960年代のことで、それから1980年代前半までの地球科学はこの科学革命一色でした。今ではプレートテクトニクスは地球科学の「常識」となり、地球科学を志す人にとっての必須項目のひとつです。なんとなくわかった感のあるプレートテクトニクスですが、本書を読まれた方は、肝心なことは何ひとつ解明されていないことがわかったことと思います。「プレートがどのように動いているか」という現象論的なことは、これまでの研究のおかげで、かなりの精度で答えられるようになりました。しかし「なぜそのように動いていないといけないのか」といった物理的な視点で眺めてみると、わからないことだらけなのです。そして、そのような物理的な疑問に答えることができないと、惑星が生命をはぐくむためには何が必要かということにも答えられないのです。

　地球科学はプレートテクトニクスの発見によって、ようやく現代科学の仲間入りを果たしました。本当におもしろくなるのはこれからだと思います。そして、自然を探求するにあたり、地球科学ほど魅力的な研究分野はないでしょう。太陽系の一員としての地球の進化を考えることによって、広大な宇宙空間にも、ミクロの生物圏にも思いをめぐらせることができるからです。

　地球はたいへん複雑なシステムですが、上手な問題設定をしてやれば、数多くの新しい切り口が見つかるはずです。重要な鍵は地球システムの要素間の相互作用に潜んでいるでしょう。そのような鍵を探り当てるには、まず何かひとつの分野をしっかり身につけてから、もうひとつほかの分野について少しでもいいから学んでみることが肝要です。そのような学際的な探求を目指す人々に、本書がなんらかのきっかけとなってくれれば幸いです。

# 参 考 文 献

Albarede, F., and R. D. van der Hilst (2002), *Phil. Trans. R. Soc. Lond., A*, **360**, 2569-2592.

Algeo, T. J., and K. B. Seslavinsky (1995), *Am. J. Sci.*, **295**, 787-822.

Anders, E., and N. Grevesse (1989), *Geochim. Cosmochim. Acta*, **53**, 197-214.

Argus, D. F., R. G. Gordon, and C. DeMets (2011), *Geochem. Geophys. Geosyst.*, **12**, Q11001.

Artemieva, I. (2006), *Tectonophysics*, **416**, 245-277.

Berner, R. A. (2004), *The Phanerozoic Carbon Cycle*, Oxford University Press.

Caldeira, K, and J. F. Kasting (1992), *Nature*, **300**, 721-723.

Coffin, M. F., and O. Eldholm (1994), *Rev. Geophys.*, **32**, 1-36.

Condie, K. C., et al. (2009), *Gondwana Res.*, **15**, 228-242.

Connerney, J. E. P. et al. (2005), *Proc. Nat. Acad. USA*, **102**, 14970-14975.

Courtillot, V. E. and P. R. Renne (2003), *C. R. Geosci.*, **335**, 113-140.

Hoffman, P. F. (1997), "Tectonic Genealogy of North America", in B. A. van der Pluijm and S. Marshak (eds.), *Earth Structure: An Introduction to Structural Geology and Tectonics*, pp. 459-464, McGraw-Hill.

Holland, H. D. (1978), *The Chemistry of Atmosphere and Oceans*, Wiley.

Holland, H. D. (2006), *Phil. Trans. R. Soc. B*, **361**, 903-915.

Kasting, J. F., and D. Catling (2003), *Annu. Rev. Astron. Astrophys.*, **41**, 429-463.

Korenaga, J. (2013), *Annu. Rev. Earth Sci.*, **41**, 117-151.

Korenaga, J. (2011), *J. Geophys. Res.*, **116**, B12403.

Korenaga, T., and J. Korenaga (2008), *Earth Planet. Sci. Lett.*, **268**, 41-51.

Korenaga, J. (2007a), *J. Geophys. Res.*, **112**, B05408.

Korenaga, J. (2007b), *Earth Planet. Sci. Lett.* **257**, 350-358.

Korenaga, J. (2006), "Archean Geodynamics and the Thermal Evolution of Earth", in K. Benn, J.-C. Mareschal and K. Condie (eds.), *Archean Geodynamics and Environments*, pp. 7-32, AGU.

Lawver, L. A., et al. (2003), *The Plates 2003 atlas of plate reconstructions (750 Ma to present day)*, University of Texas Institute for Geophysics Technical Report 190.

Maus, S. et al. (2009), *Geochem. Geophys. Geosyst.*, **10**, Q08005.

Müller, R. D., et al. (2008), *Geochem. Geophys. Geosyst.*, **9**, Q04006.

Oreskes, N. (1999), *The Rejection of Continental Drift: Theory and Method in American Earth Science*, Oxford.

Ozima, M, and F. A. Podosek (2002), *Noble Gas Geochemistry, 2nd ed.*, Cambridge University Press.

Petit, J. R. et al. (1999), *Nature*, **399**, 429-436.

Rampino, M. R., and K. Caldeira (1994), *Annu. Rev. Astron. Astrophys.*, **32**, 83-114.

Sager, W. W. (2007), *Geological Society of America Special Paper*, **430**, 335-357.

Sepkoski, J. J. (1990), "Evolutionary Faunas", in D. E. G. Briggs and P. R. Crowther (eds.), *Paleobiology: A synthesis*, pp. 37-41, Blackwell.

Smith, W. H. F., and D. T. Sandwell (1997), *Science*, **277**, 1956-1962.

Smith, D. E., et al. (2012), *Science*, **336**, 214-217.

Walker, J. C. G. (1980), "The oxygen cycle", in O. Hutzinger (ed.), *The Natural Environment and the Biogeochemical Cycles*, pp.87-104, Springer-Verlag.

Wiens, R. C., and R. O. Pepin (1988), *Geochim. Cosmochim. Acta*, **52**, 295-307.

# 索引

## 欧文

### A〜C

accretionary prism（付加体） 88
advection（移流） 42
apparent polar wander（見かけの極移動） 32
Archean（太古代） 68
asthenosphere（アセノスフェア） 7
Cambrian explosion（カンブリア爆発） 72
carbon cycle（炭素循環） 134
chemical lithosphere（化学的リソスフェア） 60
chemical weathering（化学風化） 134
conduction（熱伝導） 42
continental crust（大陸地殻） 10
continental drift hypothesis（大陸移動説） 19
continental lithosphere（大陸性リソスフェア） 57
continental plate（大陸プレート） 57
convection（対流） 44
core（核） 5
crust（地殻） 5
Curie point（キュリー点） 29

### D〜F

D/H比 115-117
elastic lithosphere（弾性的リソスフェア） 60
faint young Sun paradox（暗い太陽のパラドックス） 168
flood basalt（洪水玄武岩） 145
Fourier's law（フーリエの法則） 48

### G〜I

geomagnetic anomaly（地磁気異常） 35
geomagnetic field（地球磁場） 29
glacial age（氷河期） 139
Hadean（冥王代） 68
island arc volcano（島弧火山） 62
isostasy（アイソスタシー） 23

### J〜L

land bridge（陸橋） 16
large igneous provinces（巨大火成岩岩石区） 145
liquidus（リキダス） 58
lithosphere（リソスフェア） 7

### M〜O

magma ocean（マグマオーシャン） 10
magnetite（磁鉄鉱） 30
main sequence（主系列星） 154
mantle（マントル） 5
mantle plume（マントルプリューム） 62
mass extinction（大量絶滅） 150
mechanical lithospere（力学的リソスフェア） 59
mid-ocean ridge（中央海嶺） 3
Milankovitch cycles（ミランコビッチ・サイクル） 122
Nusselt number（ヌッセルト数） 55
oceanic crust（海洋地殻） 10
oceanic islands（海洋島） 62
oceanic lithosphere（海洋性リソスフェア） 57
oceanic plate（海洋プレート） 57
oceanic plateau（海台） 146

### P〜S

paleomagnetism（古地磁気学） 29
Phanerozoic（顕生代） 68
plate（プレート） 3
plate tectonics（プレートテクトニクス） 2
Precambrian（先カンブリア時代） 73
primitive mantle（始原的マントル） 10
primordial Earth（原始地球） 9

Proterozoic（原生代） 68
protostar（原始星） 154
radiation（輻射） 42
red giant（赤色巨星） 156
seafloor spreading（海洋底拡大） 35
seamounts（海山） 62
silicate（ケイ酸塩） 5
solidus（ソリダス） 58
stagnant-lid convection（硬殻対流） 89
subduction zone（沈み込み帯） 3
supercontinent Pangea（超大陸パンゲア） 69

### T〜V

T タウリ型星 126
the constancy of continental freeboard（相対標高一定の原理） 142
theory of permanence（永久不変説） 18
thermal boundary layer（熱境界層） 44
thermal conductivity（熱伝導率） 48
thermal diffusivity（熱拡散率） 48
thermal isostasy（熱的アイソスタシー） 52
thermal lithosphere（熱的リソスフェア） 59
thermoremanent magnetization（熱残留磁化） 30
trench（海溝） 37
Urey reaction（ユーレイ反応） 133
viscosity（粘性率） 44

### W〜Z

Wadati-Benioff zone（和達−ベニオフ帯） 37
zircon（ジルコン） 88

### 日本語

### あ

アイソスタシー 23, 39
アセノスフェア 7, 60
アルゴン 124, 125, 127
アルゴン-36（$^{36}Ar$） 124, 127
アルゴン-40（$^{40}Ar$） 124, 125, 127, 128
安山岩 120
イザナギプレート 71, 72
移流 42-45
隕石 101, 102, 116, 117, 156, 158
ウィルソン・サイクル 78
ウェゲナー，アルフレッド 19, 20, 22
ウラン 46, 81, 82
エアロゾル 145
永久機関 92
永久不変説 18, 27
オルドビス紀 72
温室効果 96, 99, 107, 109, 110, 134, 135, 154
温室効果ガス 131, 168
オントンジャワ海台 146

### か

外核 5, 6, 29, 30
海溝 4, 37, 38
海山 62, 63
海水面の変動 139, 141
海水量 143, 144
海水量の変動 143, 144
海台 146, 147, 150
海底の年代 52-54, 69, 143
海洋性リソスフェア 57, 58, 60, 64, 161, 164
海洋地殻 10, 22, 23, 57-60, 65, 83, 120, 148, 169
海洋底拡大 35
海洋底拡大説 37
海洋島 62, 63
海洋プレート 57, 60, 65
化学的リソスフェア 60, 64, 65, 84
化学風化 134, 137, 138, 144
核 5, 10, 105
核融合 116, 123, 154
花崗岩 23, 120
火山活動 61, 62, 102, 111, 124, 128, 133, 145, 147, 150, 171
火星 99, 100, 102, 103, 107, 110, 116, 120
火星起源の隕石 100, 101

火成岩　30
化石　14, 15, 72, 150
カリウム　82, 124
カリウム-40（$^{40}$K）　124, 125, 127
カレドニア造山帯　74
含水鉱物　61
慣性モーメント　96, 101
岩石惑星　94
カンブリア紀　72
カンブリア爆発　72
希ガス　86, 125-127
気候変動　122
キュリー点　29, 31
境界層　44, 46, 51, 55, 59, 62, 85, 113
強磁性　29
巨大ガス惑星　94, 123, 124
巨大火成岩岩石区　145, 146, 148-150
巨大氷惑星　94
金星　96, 97, 99, 107, 109, 110, 112, 115, 116, 120, 133
暗い太陽のパラドックス　168, 169
クレーター　98, 102
クレーター年代　98
系外惑星　117-119
ケイ酸塩　5
ケイ酸塩－炭酸塩タイプの炭素循環　136
ケノアランド（超大陸）　74, 75, 88
ケルビン卿　25, 92
原始星　154
原始太陽系　116, 123
原始地球　9
顕生代　68, 72, 74, 76, 87
原生代　68, 75-77, 87
玄武岩　23, 120
コアーマントル境界　12, 62, 147
硬殻対流　89, 90, 94, 111, 113, 153, 161
後期重爆撃期　102
光合成　135, 136, 138
洪水玄武岩　145, 147, 150
呼吸　136
古生代　72
古地磁気学　29
コックス，アラン　34
ゴルディロックス・ゾーン　107

## さ

歳差運動　96
酸素　135-138
酸素の出現　137
シアノバクテリア　138
始原的マントル　10
地震波　8, 9, 12
地震波トモグラフィー　12
沈み込み帯　3-5, 37, 53, 61, 66, 87-89, 120, 164, 171
磁鉄鉱　30
自転軸　96, 122
シューカート，チャールズ　28
重水素　115, 116
主系列星　154, 155
小惑星　158
小惑星帯　117, 158
ジルコン　75, 87, 88, 116, 166, 167
シルル紀　72
浸食作用　142
新生代　72
森林火災　138
水蒸気　109, 110
水星　104-106
彗星　116, 117
スナイダー＝ペレグリーニ，アントニオ　14
斉一説　92
生命居住可能領域　107, 119
赤色巨星　155, 156
先カンブリア時代　73, 74
全球凍結　168, 169
双極子磁場　30, 32, 35
造山帯　58, 74
走時の観測値　12
走時の理論値　12
相対年代　148
相対標高一定の原理　142, 143
ソリダス　57, 59, 65

## た

大気圧　96, 122, 133, 138
大気の二次起源　123, 124
太古代　68, 76, 79, 87, 88, 142, 143, 166,

168
堆積岩　32, 116, 133, 134
太陽　123, 154, 155
　——の光度　154, 156, 157, 168, 169
太陽系　9, 102, 116
　——の元素存在度　125, 126
太陽系生成論　106, 116, 118
太陽風　115, 127, 170, 171
大陸移動説　19, 20, 24, 25, 32, 33, 35
大陸性リソスフェア　57, 58, 64, 171
大陸棚　16, 17, 139
大陸地殻　10, 16, 22, 23, 57, 58, 120, 138, 142-144, 168-170
『大陸と海洋の起源』(ウェゲナー)　20, 22, 28
大陸プレート　57, 64, 65
対流　44-47, 51, 55
大量絶滅　149, 150
弾性的リソスフェア　60
炭素　109, 112, 132, 133
炭素循環　134-136, 153, 156
断熱膨張　59
地殻　4-6, 10, 39, 60, 98, 102, 120, 124
地球温暖化　129
地球型惑星　94, 105, 106, 111, 118
地球近傍小惑星　158
地球磁場　29-35, 114, 154, 170, 171
地球の年齢　92
地球の冷却史　79, 83, 85, 86, 92, 144, 153
地磁気異常　35, 36
地磁気縞模様　69, 70, 72, 102
地質年代　76, 77, 148, 149
中央海嶺　3, 4, 35-38, 52, 57, 59, 64, 66, 69, 83, 120, 128, 135, 139, 169
中生代　72
超大陸　15, 74, 75, 77, 85, 88
超大陸形成サイクル　77
月　98, 99, 122
デイリー，レジナルド　27
デュ＝トワ，アレキサンダー　27
電子捕獲　124, 125
島弧火山　61, 62, 135
トムソン，ウィリアム　92
トランジット法　117, 118

トリウム　46, 81, 82

## な

内核　5, 6
内部熱源　46, 47, 79-83, 86, 152
二酸化炭素　96, 99, 107, 109, 112, 129, 130-136, 144, 154, 156, 157, 168, 169
ニュートリノ　82
ヌッセルト数　55
ヌナ（超大陸）　74, 75
熱拡散率　48, 50, 51
熱境界層　→　境界層
熱クラック　113
熱クラック仮説　161
熱残留磁化　30, 31, 35
熱的アイソスタシー　52, 53, 139
熱的リソスフェア　59, 60, 113
熱伝導　42-45, 48, 50-52, 55, 79, 92
熱伝導率　48, 49
熱流量　49, 50, 55
粘性率　44, 45

## は

白色矮星　155
パンゲア（超大陸）　69, 70, 74, 75, 141
比較惑星学　106
ピナツボ火山　145
氷河期　16, 122, 139
微惑星　9, 98, 116
ファラロンプレート　66, 71
フーリエの法則　48, 49
フェニックスプレート　71
付加体　87, 88
輻射　42, 43
複数仮説の手法　26
腐敗　136
プリューム　→　マントルプリューム
プリュームヘッド　147
浮力の原理　22
プレート　2-4, 6, 38, 42, 46, 51, 52, 55, 57, 58, 89
プレートテクトニクス　2, 10, 33, 38, 39, 46, 55, 65, 72, 75, 77, 87, 89, 94, 98, 102, 111, 112, 120, 128, 135, 139, 144,

152, 156, 161, 164
　——の原動力　42
プレートテクトニクス理論　37, 87, 171
ヘルツシュプルング・ラッセル図　155
変成作用　61, 62
放射壊変　46, 82, 124
放射性元素　46, 79, 92
暴走温室効果　109, 110, 156
ホームズ，アーサー　27, 35, 39
ホットスポット　62, 63, 128, 146

### ま

マグマ　7, 10, 57, 62, 128, 169
マグマオーシャン　10, 91, 112, 166
マントル　5-7, 10-12, 23, 29, 39, 46, 52, 57-65, 124, 128, 133, 144, 161, 170
　——の温度　77-80, 152, 165, 169
　——の化学組成　81
　——の粘性率　60, 77, 83, 85, 89, 112, 145, 152, 165
　——の部分溶融　56, 58-61, 65, 83, 84, 120, 128, 152, 165, 169, 170
マントル対流　28, 39, 42, 46, 51, 53, 55, 62, 77-80, 83, 85, 86, 89, 111, 114, 145, 152, 164, 166, 171
マントル不均質説　148
マントルプリューム　62, 63, 111, 147, 148
見かけの極移動　32, 33, 72
ミランコビッチ・サイクル　122, 131
無水鉱物　61
冥王代　68, 76, 87, 88, 166, 167
メソスフェア　7
メッセンジャー（探査機）　104-106
木星　123
木炭　138

### や

有機タイプの炭素循環　136
ユーレイ反応　109, 112, 133, 153

### ら

ランカーン，キース　32
力学的リソスフェア　59, 60
リキダス　58, 59

陸生植物　131, 135, 138
リソスフェア　7, 57, 59, 60
陸橋　16, 17
陸橋説　18, 24, 28
硫酸エアロゾル　145, 150
流体力学　83
ローディニア（超大陸）　74, 75

### わ

和達-ベニオフ帯　37, 38

## 著者紹介

是永 淳 Ph.D.
2000 年　マサチューセッツ工科大学地球大気惑星科学科で Ph.D. を取得
現　在　イェール大学地球科学科教授
　　　　グッゲンハイム・フェロー

NDC450　　190p　　21cm

絵でわかるシリーズ

絵でわかるプレートテクトニクス
地球進化の謎に挑む

2014 年 5 月 30 日　第 1 刷発行
2016 年 7 月 20 日　第 4 刷発行

| | |
|---|---|
| 著　者 | 是永　淳 |
| 発行者 | 鈴木　哲 |
| 発行所 | 株式会社　講談社 |
| | 〒112-8001　東京都文京区音羽 2-12-21 |
| | 販売　(03) 5395-4415 |
| | 業務　(03) 5395-3615 |
| 編　集 | 株式会社　講談社サイエンティフィク |
| | 代表　矢吹俊吉 |
| | 〒162-0825　東京都新宿区神楽坂 2-14　ノービィビル |
| | 編集　(03) 3235-3701 |
| 本文データ制作 | 株式会社　エヌ・オフィス |
| カバー・表紙印刷 | 豊国印刷　株式会社 |
| 本文印刷・製本 | 株式会社　講談社 |

落丁本・乱丁本は，購入書店名を明記のうえ，講談社業務宛にお送りください．送料小社負担にてお取替えいたします．なお，この本の内容についてのお問い合わせは，講談社サイエンティフィク宛にお願いいたします．定価はカバーに表示してあります．

© Jun Korenaga, 2014

本書のコピー，スキャン，デジタル化等の無断複製は著作権法上での例外を除き禁じられています．本書を代行業者等の第三者に依頼してスキャンやデジタル化することはたとえ個人や家庭内の利用でも著作権法違反です．

**JCOPY** 〈(社)出版者著作権管理機構 委託出版物〉

複写される場合は，その都度事前に(社)出版者著作権管理機構(電話 03-3513-6969，FAX 03-3513-6979，e-mail: info@jcopy.or.jp) の許諾を得てください．

Printed in Japan

**ISBN 978-4-06-154768-1**

講談社の自然科学書

## 絵でわかる 日本列島の誕生
堤 之恭・著
A5・187頁・本体2,200円

大陸からはがれてできた？ 本州は折れ曲がった？ 地震と火山が多い理由は？ 将来ハワイとぶつかる？ 日本列島の誕生と進化のダイナミックな歴史を、豊富なカラーイラストで解説。地質学や地球年代学への入門にも最適。

## 絵でわかる 宇宙開発の技術
藤井孝藏／並木道義・著
A5・191頁・本体2,200円

ロケットと飛行機は何が違うのか？ JAXAと企業は何をどう分担しているのか？ 案外身近にある技術とは？ 壮大で繊細、遠くて身近な宇宙開発の技術を幅広く紹介する。一晩で「ここがすごい」を人に語れるようになる。

## 絵でわかる 地図と測量
中川雅史・著
A5・191頁・本体2,200円

ふだん何気なく使っている地図に隠された驚異の技術！ 原理・原則から最新技術まで、地図の材料集めと編集を豊富なカラー図版とイラストで解説。測量学や空間情報工学の入門に最適。数式に抵抗がある人でも読みやすい。

## 絵でわかる 自然エネルギー
御園生誠／小島 巌／片岡俊郎・著
A5・157頁・本体2,000円

太陽光、地熱、風力、バイオマスに代表される自然エネルギーの基礎知識と現状を、イラストを交えてわかりやすく解説。さらにコスト、利便性、安全性、将来性の観点から未来を予測。どの方法が一番なのか？

## 絵でわかる 古生物学
棚部一成・監／北村雄一・著
A5・191頁・本体2,000円

わずかな痕跡から、あらゆる推論・検証を駆使して、古生物の生態を解き明かしていく。古生物学とはどのような学問か、そのスリリングな思考過程を交えて紹介しつつ、明らかになった太古の世界を描き出す。

## 地球化学
松尾禎士・監修
A5・276頁・本体3,800円

物質レベルの地球科学の解説を試みた。第Ⅰ部は物質循環の視点から地球化学を体系化してその全体像の理解を求め、第Ⅱ部はそこで用いられる理論の基礎知識を解説。"地球"に関心のある学生に最適の入門書。

## 地球環境学入門 第2版
山﨑友紀・著
B5・187頁・本体2,800円

フルカラーになって図表が見やすくなった改訂版！ 教養として学んでほしい環境問題の基礎をまとめた。前半章では高校科学をおさらいしながら、地球環境を理解できる。後半章ではそれぞれの環境問題の論点をつかめる。

## 完全独習 現代の宇宙論
福江 純・著
A5・326頁・本体3,800円

高校レベルの予備知識から出発し、読者が独力で現代宇宙論のエッセンスを理解できる独習書。無からの宇宙誕生から、元素の合成、天体の形成、そして宇宙の未来まで、宇宙の進化の歴史に沿ってわかりやすく解説。

※表示価格は本体価格(税別)です。消費税が別に加算されます。 「2016年7月現在」

講談社サイエンティフィク　http://www.kspub.co.jp/